W0260888

Werner Linkesch

Ferritin bei malignen Erkrankungen

Springer-Verlag Wien New York

Dr. Werner Linkesch
II. Medizinische Universitätsklinik, Wien

Die Wiedergabe von Gebrauchsnamen, Handelsnamen, Warenbezeichnungen usw.
in diesem Buch berechtigt auch ohne besondere Kennzeichnung nicht zu der
Annahme, daß solche Namen im Sinne der Warenzeichen- und Markenschutz-
Gesetzgebung als frei zu betrachten wären und daher von jedermann benutzt
werden dürften

Mit 31 Abbildungen

CIP-Kurztitelaufnahme der Deutschen Bibliothek

Linkesch, Werner:
Ferritin bei malignen Erkrankungen / Werner Linkesch.
– Wien; New York: Springer, 1986.
ISBN-13:978-3-211-81939-5

ISBN-13:978-3-211-81939-5   e-ISBN-13:978-3-7091-8870-5
DOI: 10.1007/978-3-7091-8870-5

Vorwort

Serumferritin wurde 1978 als neuer Parameter zur Evaluierung des Füllungszustandes der Eisenspeicher in die klinische Praxis eingeführt. Seither hat sich dieses Serumprotein eine nicht mehr wegzudenkende Stellung in der klinischen Routinediagnostik erworben. Die hohe Aussagekraft erniedrigter Serumferritinwerte wird in der Beurteilung des Eisenstatus von Schwangeren und Kindern, von Dialysepatienten und von Patienten mit chronischer Polyarthritis genützt, sowie in der Überwachung der Therapie des Eisenmangels oder der Eisenüberladung klinisch sinnvoll eingesetzt.

Sehr hohe Serumferritinspiegel, die in keinerlei Zusammenhang mit dem Gewebeeisen stehen, werden aber bei verschiedensten malignen Neoplasien gefunden. Diese Hyperferritinämie könnte teilweise eine Vermehrung des Speichereisens durch die blockierte Erythropoese reflektieren oder aus entzündlich oder nekrotisch veränderten Geweben stammen, der Großteil dieses Ferritins dürfte aber vom Tumor selbst, möglicherweise durch aktive Sekretion, produziert werden. Menschliche, in Gewebekulturen gewachsene Tumorzellen sezernieren Ferritin. Im Serum nackter Mäuse, auf die Tumore transplantiert wurden, zirkuliert humanes Ferritin.

Ebenfalls im Jahre 1978 begannen wir an der II. Medizinischen Universitätsklinik Wien die klinische Wertigkeit von Serumferritin als drittem Tumormarker bei Hodentumoren erstmals darzustellen. In Zusammenarbeit mit der II. Universitäts-Hautklinik Wien folgten Erstbeschreibungen betreffend die Aussagekraft von Serumferritin bei Patienten mit malignem Melanom.

In der vorliegenden kurzen Monographie wurde versucht, unter Einbeziehung der Daten von über 700 von uns untersuchten und betreuten Patienten mit verschiedensten malignen Erkrankungen, den klinischen Stellenwert der Bestimmung von Serumferritin in der Erfassung und Verlaufskontrolle von Tumorerkrankungen genau zu evaluieren.

Dem Vorstand der II. Medizinischen Universitätsklinik Wien, Herrn Prof. Dr. G. Geyer, gilt mein Dank für die Förderung und Belebung meines Interesses an diesem Arbeitsgebiet. Weiters bedanke ich mich bei Herrn Prof. Dr. J. Kühböck, Herrn Prof. Dr. H. Ludwig, Herrn Dr. P. Pötzi für die Erlaubnis, von ihnen betreute Patienten in die Auswertung miteinbeziehen zu können. Die statistischen Auswertungen wurden mit Hilfe des Institutes für medizinische Computerwissenschaften (Vorstand: Prof. Dr. G. Grabner) der Universität Wien durchgeführt.

Frau Ulrike Ferstl gebührt mein Dank für wertvolle technische Assistenz, Frau Inge Graßl verdanke ich ausgezeichnete statistische und graphische Beiträge.

Die ständig zu verzeichnenden Fortschritte in der Charakterisierung und Determinierung von Isoferritinen sowohl in Geweben als auch im Serum lassen für die Zukunft eine weitere Steigerung der Spezifität dieser Proteine in der Tumordiagnostik erwarten.

Wien, im Juli 1986 *W. Linkesch*

Inhaltsverzeichnis

I. Allgemeiner Teil

1. Einführung

1894 wurde vom Pharmakologen Schmiedeberg [226] ein Protein
beschrieben, das 6% Eisen und eine variable Menge Phosphor
enthielt. Diese Proteinsubstanz nannte er „Ferratin". In Anlehnung
an Schmiedeberg benannte dann später Laufberger [131], dem 1937
die Isolierung und Kristallisation eines Protein aus der Pferdemilz
gelang, diese gereinigte Substanz „Ferritin". Seine Analyse ergab
20% Eisen, 9,9% Stickstoff und 9% Phosphor. Wegen seines hohen
Eisengehaltes wurde das beschriebene Ferritin als Eisenspeicher-
Protein des Organismus angesehen. 1944 wurde von Rothen [219]
das mittels Sedimentationsuntersuchungen gemessene Molekulargewicht von Apoferritin mit 465 000 angegeben.

In der Folge zeigte sich, daß Ferritine ubiquitär vorkommende
Proteine darstellen, die bei Bakterien und Pilzen [44], Pflanzen [41,
99, 108, 227, 274], Mollusken [240], Meerwürmern [216] und
Fischen [35, 119] nachgewiesen werden. Bei den Vertebraten fanden
sich die höchsten Ferritin-Konzentrationen in Leber, Milz und
Knochenmark. Gewebsferritine konnten jedoch in Pankreas, Ne-
benniere, Niere, Ovar, Hoden, Lymphknoten, Placenta [75, 93, 168,
209, 229], Muskulatur [217, 239], Gehirn [21], Darmschleimhaut
[33, 76], Leukozyten [158, 259] und Erythrozyten [15, 16, 26]
nachgewiesen werden. Ferritine kommen sowohl im neoplastischen
Gewebe als auch in normalen Zellen vor [212].

Im Serum konnte Ferritin erstmalig 1950 von Mazur et al. [168]
nachgewiesen werden, wobei dies allerdings nur bei Leberzirrhose,
Schock oder Herzinsuffizienz gelang. Mittels Immundiffusionstech-

nik konnte 1956 Reißmann [207] ebenfalls Ferritin im Serum bei bestimmten Lebererkrankungen (akute Virushepatitis, akute Leberzellnekrose, Morbus Hodgkin mit Leberbefall) nachweisen. 1957 konnte Heilmeyer ebenfalls im Serum von Hepatitiskranken über einen positiven Ferritinnachweis berichten.

Mittels Ferritin-Kristalldarstellung und serologischer Nachweistechnik wies 1959 Wöhlers [258] qualitativ Ferritin im Serum bei 100 von 420 Patienten nach, die einen Eisenspiegel von mehr als 150 Gammaprozent hatten. Mit einer immunologischen Technik konnte 1968 Aungst [12] Ferritin qualitativ im Serum von Patienten mit verschiedenen benignen und malignen Erkrankungen demonstrieren; dies gelang jedoch nicht bei gesunden Normalpersonen.

Aufgrund fehlender quantitativer Meßtechniken wurde zunächst angenommen, daß Ferritin ausschließlich intrazellulär vorkäme und sein Vorhandensein im Serum als Ausschleusungseffekt zugrunde gehender oder schwer geschädigter Zellen, vorzugsweise bei akuten Lebererkrankungen, aufzufassen sei.

Der Durchbruch in der Bestimmung von Serumferritin erfolgte 1972 durch Addison et al. [2] mit der Einführung eines immunradiometrischen Assay (IRMA), womit der quantitative Nachweis von Ferritin im Serum auch gesunder, normaler Personen ermöglicht wurde.

2. Ferritin

2.1 Struktur

Eisen stellt ein essentielles Element für lebende Organismen dar, hat dabei aber den Nachteil, im Reaktionsmilieu des Plasmas (pH 7,4) zu oxidieren, zu hydrolysieren und wasserunlösliche Eisen-III-Oxidpräzipitate zu bilden. Die Konzeption des Ferritinmoleküls folgt daher einem Schutz vor dieser potentiellen Toxizität der Fe-III-Ionen durch Aufnahmemöglichkeit größerer Mengen löslichen Eisens in rasch verfügbarer Form. Ferritin wird heute zu den Molekülen mit Kettenstruktur, wie z. B. Interferon, gerechnet.

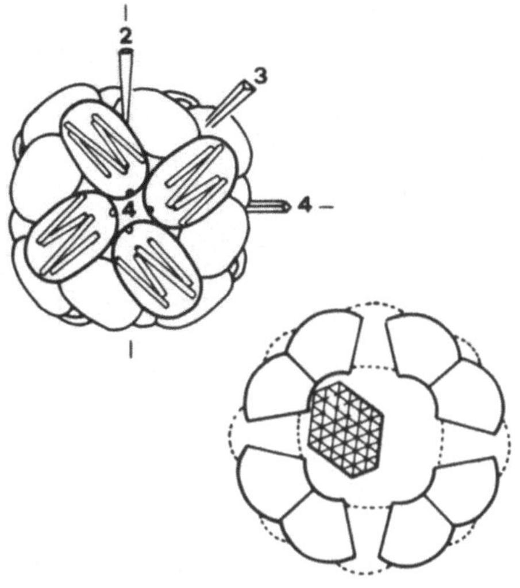

Abb. 1. Schematische Darstellung eines Ferritin-Moleküls; links — Anordnung der Untereinheiten in einem Apoferritin-Molekül in Relation zu den Symmetrie-Achsen, rechts — Querschnitt durch ein Ferritin-Molekül mit Eisen-III-Oxihydroxidmikrokristallen in der inneren Kavität. (Adaptiert nach Harrison P et al [89])

Das Molekulargewicht des eisenfreien Proteins (Apoferritin) wurde mit verschiedenen Techniken bei 440 000—480 000 Dalton festgelegt [19, 20, 42, 86, 87, 213, 218]. 24 strukturell gleichwertige Untereinheiten mit einem Molekulargewicht von 18 500 formen in kubischer Symmetrie eine Schale in Form eines pentagonalen Dodekehadrons mit einem Außendurchmesser von 120 bis 130 Ångström und einem Innenhohlraum von 50 bis 70 Ångström. Abb. 1 repräsentiert einen schematischen Querschnitt durch das aus 174 Aminosäuren aufgebaute Ferritinmolekül.

Eine Untereinheit (Abb. 2) besteht aus insgesamt fünf Alpha-Helices (A, B, C, D, E), von denen vier bündelartig parallel nebeneinanderliegen und eine Helix E rechtwinkelig absteht. Eine lange Schleife L verbindet B und C. Vier E-Helices von vier verschiedenen Dimeren formen insgesamt sechs Kanäle (12 Ångström Länge, 3—4 Ångström Durchmesser) entlang der

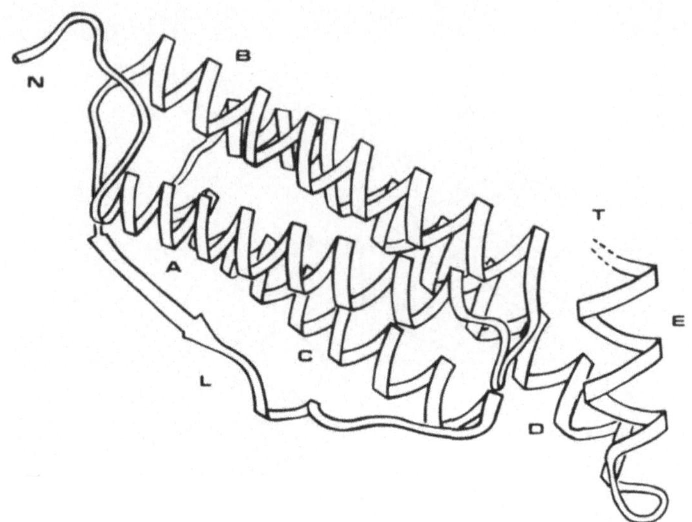

Abb. 2. Untereinheit eines Ferritin-Moleküls, bestehend aus vier parallel nebeneinander liegenden Alpha-Helices (A, B, C, D) und einer rechtwinkelig abstehenden Helix E. (Nach Rice et al [208])

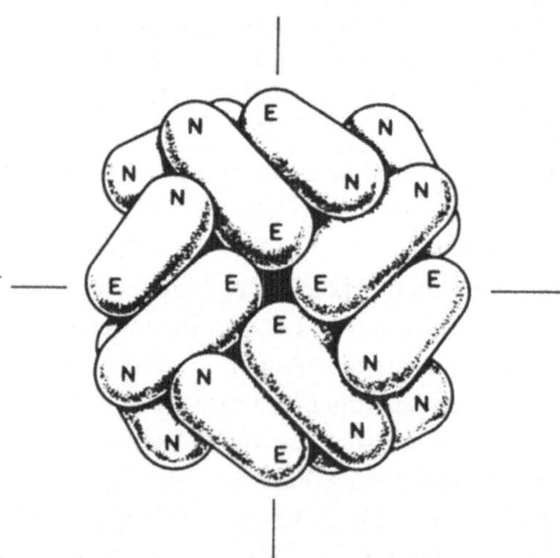

Abb. 3. Lage der Untereinheiten des Ferritinmoleküls in Relation zu den Symmetrieachsen. Vier E-Helices von vier verschiedenen Dimeren formen 6 Kanäle mit hydrophoben Seitenketten. Weitere 8 Kanäle entlang der dreifachen Symmetrieachse zeichnen sich durch hydrophile Gruppierungen aus. (Nach Rice et al [208])

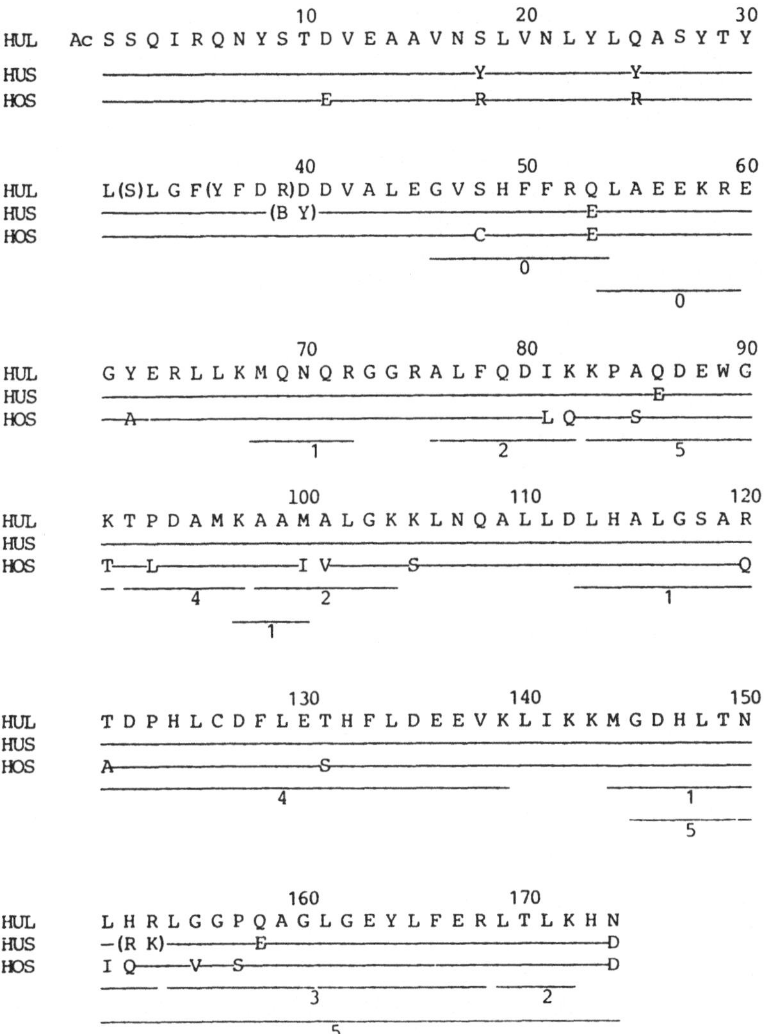

Abb. 4. Primäre Aminosäuresequenz von humanem Apoferritin der Leber. Die größte Übereinstimmung (96%) findet sich zwischen verschiedenen Geweben (*HUS* = Milz, *HUL* = Leber) derselben Spezies. (Nach Addison et al [3])

vierfachen Symmetrieachse (Abb. 3). Diese Art von Kanälen mit hydrophoben Seitenketten (12 Leucine) dient vermutlich der Aufnahme und Abgabe von Fe-II. Weitere acht Kanäle entlang der dreifachen Symmetrieachse zeichnen sich im Gegensatz dazu durch hydrophyle Gruppierungen (3 Asp, 3 Glu, 6 Ser, 3 Cys, 9 His) aus und dürften die Eisenbindungsstellen darstellen bzw. der Formation des Eisenkernes des Apoferritins dienen.

Die primäre Aminosäuresequenz der 174 Aminosäuren von humanem Leberapoferritin wurde komplett aufgeklärt und ist in Abb. 4 dargestellt. Ferritine verschiedener humaner Gewebe (Leber, Milz) zeigen die höchste Übereinstimmung (96%), die von Ferritinen gleichen Gewebes, aber verschiedener Species (Pferd, Ratte) nicht erreicht wird.

Im Kern des Apoferritins wird das Eisen in Form von Eisenoxidhydroxidiphosphat-(FeOOH)-8 · (FeO · PO3H2) gespeichert. Das Protein Apoferritin selbst scheint die Aufnahme von Eisen in Ferritin beeinflussen zu können, indem es die Rate der Eisenoxidation steigert und/oder die Atomstruktur des Mineralproduktes verändert [89].

2.2 Heterogenität

Eisengehalt

Der Eisengehalt verschiedener Ferritinmoleküle kann von Null (natürliches Apoferritin) bis 4500 Eisenatome pro Molekül (volles Holoferritin) schwanken. Ferritin-Präparationen von Eisenspeichergeweben (Leber, Milz) weisen einen durchschnittlichen Eisengehalt von 2500 Atomen auf, bei Herzmuskelgewebe liegt der Eisengehalt wesentlich niedriger [133, 139]. Ferritin im normalen Serum zeichnet sich durch einen relativ geringen Eisengehalt von ca. 20% aus [261].

Oligomere

Eine Heterogenität von Ferritin-Präparationen, die auf eine molekulare Aggregation in Form von Di-, Tri-, Tetra- und Pentameren zurückzuführen ist, wurde in einem Ausmaß von 10 bis 15% in den meisten Geweben elektronenmikroskopisch nachgewiesen [257]. Die Formation und Stabilisierung von Oligomeren scheint von Änderungen des Ionisierungsgrades der Oberfläche des Ferritinmoleküls abzuhängen [95]. Solche Änderungen werden als prädisponierender Faktor für die Inkorporation von Ferritin in Lysosomen und für die Transformation in Hämosiderin angesehen [95].

Isoferritine

Echte Isoferritine wurden erstmalig von Richter [210, 211] nachgewiesen. Er konnte mittels isoelektrischer Fokussierung ein unterschiedliches Spektrum von Isoferritinen mit verschiedenen Oberflächenladungen bei gesunden und malignen menschlichen Zellen finden. Während Bryce und Crichton [28] das Auftreten von multiplen Banden bei isoelektrischer Fokussierung von Ferritin noch auf methodische Artefakte zurückführten, konnte doch in zahlreichen Arbeiten von Drysdale et al. [4, 8, 50–52, 91, 103] die Existenz von Isoferritin nachgewiesen werden.

In der Folge konnten auch andere Arbeitsgruppen aus verschiedenen Organen verschiedene organcharakteristische Isoferritin-Profile extrahieren, die von Spezies zu Spezies variieren [132, 161, 175, 184, 185, 214, 242, 245]. Diese organspezifischen Isoferritinmuster bleiben innerhalb einer Spezies erhalten, können sich aber bei pathologischen Veränderungen (Eisenüberladung, Malignität) ebenfalls ändern [8, 203]. Neuere Untersuchungen konnten zeigen, daß auch Ferritin innerhalb eines Organs nicht in homogener Form vorliegt. Mittels Polyacrylamid-Gel-Elektrophorese konnte dieses Phänomen der Mikroheterogenität von Ferritin eindrucksvoll demonstriert werden [50]. Verschiedene Laboratorien konnten aus einer Reihe von Gewebshomogenisaten Ferritin-Präparationen mit zumindest fünf Banden darstellen [50, 121, 242, 260]. Die Heterogenität von Ferritin kann nicht ausschließlich durch verschiedene

Zellarten eines Gewebes erklärt werden, da auch Zellkulturen von Hela [51] und Chang [55] Zellen, ja sogar Serumferritin [121] dieses Phänomen zeigen. Analysen von menschlichen Geweben wie auch bei Geweben von Ratte und Pferd lassen die Gesamtzahl von 20 Isoferritinen pro Spezies erkennen. Nur ein Teil des gesamten Spektrums wird üblicherweise in jedem der Gewebe gefunden. Es existieren aber beträchtliche Überschneidungen der Isoferritin-Profile verschiedener Gewebe.

Nach einer Theorie von Drysdale et al. [54] sollen die verwandten Heteropolymere von Ferritin aus nur zwei getrennten Untereinheiten, einer H- und einer L-Form, aufgebaut sein (Abb. 5). Die H-reichen, sauren Isoferritine (MG 21 000) dominieren in Herzmuskel, Karzinomen, fetalem Gewebe, Hela-Zellen. Sie weisen einen höheren Eisen-Uptake [55] und eine höhere Eisenabgabe auf als L-Formen [116]. Isoferritine mit einem hohen Anteil an L-Formen (MG 19 000) werden charakteristischerweise in Geweben mit Eisenspeicherfunktion gefunden (Milz, Leber). Die relativen Proportionen des Gehalts an H- und L-Untereinheiten variieren mit dem isoelektrischen Verhalten (PI der Gewebsferritinpopulationen).

Das Muster der isoelektrischen Fokussierung menschlicher Gewebsferritine zeigt ein kontinuierliches Spektrum, in dem Ferritine aus den Eisenspeichergeweben am basischen Ende liegen und Ferritine aus den eisenarmen Geweben und aus malignen Zellen das saure Ende bilden [54].

Natürliches Apoferritin liegt am basischen Ende des Isoferritinspektrums menschlicher Proteine, dagegen aber beim Pferd am sauren Ende. Isoferritine mit identischem isoelektrischem Punkt auch von verschiedenen Geweben weisen eine identische Zusammensetzung ihrer Untereinheiten auf.

Als andere mögliche Ursachen der molekularen Heterogenität von Ferritin kommen noch gewebsspezifische Differenzen bei der posttranslationalen Modifikation [90] oder gewebsspezifische Genexpressionen in Frage [41]. Die Mehrheit der Autoren neigt zur Ansicht, daß der variable Anteil an H- oder L-Untereinheiten ausschlaggebend für die Gewebsheterogenität von Ferritin sei. Zusätzlich sollen sich noch kleine Unterschiede in der Aminosäure-

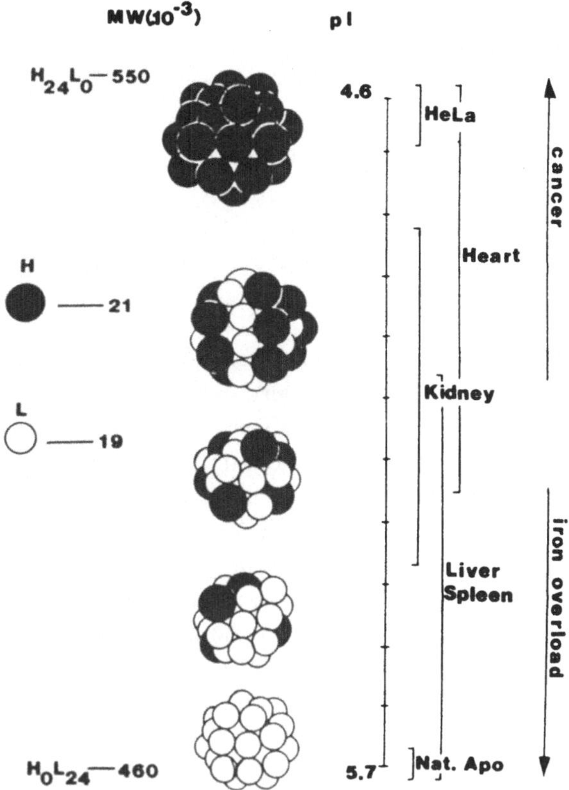

Abb. 5. Modell der Phenotypen verschiedener Isoferritine in verschiedenen Geweben. (Nach Drysdale et al [53])

sequenz, vor allem der H-, eventuell auch L-Untereinheiten, bei verschiedenen Geweben verstärkend bezüglich Gewebsheterogenität auswirken [10].

Glykosilierung

Die Glykosilierung des Ferritin — eine posttranslationale Modifikation des Proteins — erfolgt bezüglich Gewebsferritin und Serumferritin deutlich unterschiedlich. Ein beträchtlicher Anteil (60—70%) des Serumferritins ist glykosiliert und bindet an Concanavalin-A-Sepharose [39, 264], während Gewebsferritine — Leber, Milz, Herz — praktisch keine Glykosilierung aufweisen [228] und sich nicht an Concanavalin-Säulen binden [39]. Saure Isoferritine können durch Bindung an Concanavalin-A-Sepharose entfernt oder durch Behandlung mit Neuraminidase in basischere Isoferritine konvertiert werden [38].

2.3 Biosynthese

Ein Anstieg des zellulären Eisens führt zu einem raschen Anstieg von Apoferritin. Es gilt als gesichert, daß dieser Anstieg nicht nur durch einen Eiseneinbau in präexistierendes Apoferritin, sondern wesentlich durch eine spezifische Stimulation der Apoferritin-Synthese bewirkt wird [68]. In Zellkulturen ist ein Anstieg der Apoferritin-Synthese meßbar [34], in Ratten-Leber ist ein maximaler, dosisabhängiger, 5—6facher Anstieg der Einbaurate markierter Aminosäuren in Apoferritin zu beobachten [49, 69]. Inhibitoren der Synthese von Messenger-RNA, wie Actinomycin D, können die Stimulation nicht verhindern, was für einen posttranskriptionalen Mechanismus spricht [173, 183, 220]. Ferritin-Messenger RNA soll im Zytoplasma frei an Polyribosomen und inaktiv komplexiert an Protein (mRNP) vorkommen. In Abb. 6 ist dieser zytoplasmatische Kontrollmechanismus dargestellt, bei dem Eisen die Überführung zuvor reprimierter Ferritin-Messenger RNS (= postribosomaler Überstand) in eine translatierbare nicht reprimierte Ferritin-Messenger-RNS-Form induziert. Bei erhöhtem Eisenangebot steht durch Derepression mehr translatierbares, polyribosomales Ferritin zur Verfügung [271]. Die Stimulation der Apoferritin-Synthese kann neben der Produktion von Ferritin an den freien Polysomen auch eine Produktion von Ferritin an Polysomen des rauhen endoplasmatischen Retikulums bewirken. Das von den freien Polysomen synthetisierte Ferritin kann Eisen akkumulieren und wird durch die Zellmembran freigesetzt, insbesondere bei Zellbeschädigung. Das vom endoplasmatischen Retikulum stammende Ferritin hat wenig Möglichkeit, Eisen zu akkumulieren, wird

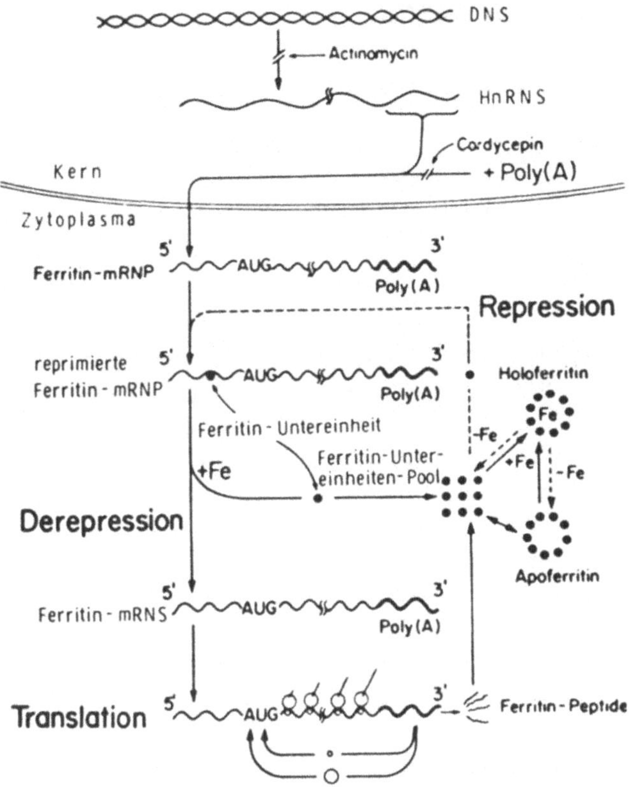

Abb. 6. Regulation der Ferritinsynthese in der Rattenleber. (Nach Zähringer et al [271])

wahrscheinlich glykosiliert und ins Plasma sezerniert. Der relativ geringe Eisengehalt und die hohe Concanavalin-A-Bindung von Serum-Ferritin könnten auf so einem Mechanismus basieren.

In Ratten-Leber betrug die Syntheserate von Ferritin 180— 300 µg/g Leber pro Tag [68], in Hela-Zellen 18 µg/g Hela-Zellen pro Tag [34]. Andere Autoren konnten zeigen, daß die Ferritin-Synthese in der Leber ca. 0,1 bis 0,5% der gesamten Protein-Synthese beträgt [94, 137, 272, 273].

3. Ferritin im Serum

3.1 Physikalisch/chemische Eigenschaften

Mittels Gel-Filtrationsbestimmung weist das Molekulargewicht von gereinigtem Serum-Ferritin eines Patienten mit Eisenüberladung einen mit humanem Milz-Ferritin identischen Wert auf [261]. Der Eisengehalt von Serum-Ferritin wurde bei Patienten mit Transfusionssiderose mit 0,023 und 0,067 µg Fe/µg Protein bestimmt und lag vergleichsweise niedrig gegenüber Milz- oder Leberferritin (0,25 µg Fe/µg Protein). Bei Patienten mit idiopathischer Hämochromatose betrug der Eisengehalt des Leberferritins 23%, im Serum-Ferritin konnte kein Eisen nachgewiesen werden [276]. Bei acht Patienten mit akuter Virus-Hepatitis lag der Eisengehalt des Leberferritins bei 7—32%, der des Serum-Ferritins bei 0—14%, obwohl hier eine direkte Freisetzung von Ferritin aus dem nekrotischen Lebergewebe angenommen werden muß.

Ferritin aus Normalserum enthält Isoferritine mit isoelektrischen Punkten (pI) von 5,7 bis 4,9 [82]. Im Serum von unbehandelten Patienten mit idiopathischer Hämochromatose oder Transfusionssiderose kommen nur basische Isoferritine vor. Werden solche Patienten mittels Phlebotomie behandelt, treten hohe Konzentrationen von sauren Isoferritinen auf [82, 262]. Diese sauren Isoferritine scheinen aber nicht mit sauren Isoferritinen von Geweben zu korrespondieren, da sie mit Antisera gegen Milzferritin, nicht aber mit Antisera gegen Herzferritin nachgewiesen werden [262]. Die immunologischen Eigenschaften von Serumferritin entsprechen denen von Milz- oder Leberferritin und nicht jenen von Herz- oder Hela-Zellferritin [112, 113].

Die Anionen-Austauschaffinität von Gewebsisoferritinen steht in enger Beziehung zum isoelektrischen Punkt. Trotz Anwesenheit von Isoferritinen mit einer breiten Streuung ihrer isoelektrischen Punkte liegt die Anionen-Austauschaffinität von Serum-Ferritin immer niedrig (PI 5,8) [262].

Für die Mikroheterogenität von Serum-Ferritin in der isoelektrischen Fokussierung dürfte das Bindungsverhalten an Concanavalin-A verantwortlich sein. 60—70% des Ferritins im Normalserum bindet an Concanavalin-A, wobei diese Bindung eine Eigenschaft der sauren Isoferritine im Serum darstellt [260]. Serumferritin stammt normalerweise aus Zellen des Retikulo-Endothelialen-Systems [263]. Jede Verschiebung des Eisens aus den roten Blutkörperchen des Retikulo-Endothelialen-Systems oder vice versa wird durch eine Änderung der Serumferritin-Konzentration widergespiegelt.

In den ersten Lebenswochen ist daher durch Abbau von fötalem Hämoglobin bei niedriger Syntheserate von reifen, roten Blutkörperchen eine Akkumulation von Eisen im Retikulo-Endothelialen System und somit ein Anstieg von Serumferritin zu beobachten. Serumferritin fällt z. B. bei einer Phlebotomie-Behandlung ab, durch eine Entleerung des Speichereisens. Während z. B. einer Behandlung einer perniziösen Anämie mit Vitamin B 12 kommt es zu einem Abfall von Serumferritin, da das Eisen in Hämoglobin eingebaut wird [98].

Nach Injektion von ^{131}-Jod-markiertem humanem Plasmaferritin in gesunde Normalpersonen zeigte sich eine Halbwertszeit von 27 bis 30 Stunden [265]. Wurde gesunden Normalpersonen dagegen ^{131}-Jod-markiertes Milzferritin injiziert, konnte für 90% des markierten Ferritins eine Halbwertszeit von 9 Minuten gemessen werden [40]. Im Einklang mit früheren Vorschlägen [39) resultiert daraus die Vermutung, daß der Abbau von Serumferritin in gewissem Ausmaß von den verschiedenen Clearance-Raten der Isoferritine bestimmt wird [83]. Die physiologische Konzentration von Serumferritin wird zusammenfassend bestimmt durch:

1. Freisetzung aus dem Retikulo-Endothelialen-System.

2. Freisetzung aus dem Lysosomalen-System während der Phagozytose.

3. Sekretion nach Glykosilierung via endoplasmatisches Retikulum.

4. Clearance-Rate, die vom Karbohydrat und Eisengehalt sowie vom Spektrum der Isoferritine abhängig ist.

3.2 Physiologische Aspekte

Das leicht lösliche Fe-II würde im Reaktionsmilieu des Plasmas (pH 7,4) komplett zu einem wasserunlöslichen, biologisch nicht verfügbaren Eisen-III-Hydroxidkomplex autoxidieren, wobei auch das Superoxidanion mit seiner zerstörenden Wirkung auf den Organismus entstehen würde. Diese Superoxid- und Niederschlags- bildungen verhindern spezifische Moleküle: Das für den Eisentrans- port zuständige Transferrin und das Eisenspeicherprotein Ferritin. 19% des Gesamtkörpereisens (4—5 g) werden als Speichereisen in Form von Ferritin und Hämosiderin abgelagert. Verschiebungen des Eisens von der Erythropoese ins Retikuloendotheliale System und umgekehrt werden durch Änderung des Serumferritinwertes widergespiegelt. In den Zellen des Retikuloendothelialen Systems wird das aus der Mauserung der Erythrozyten phagozytierte Hämoglobineisen innerhalb von 1 bis 2 Stunden zur Hälfte wieder an Plasma-Transferrin abgegeben, die andere Hälfte wird einige Tage als Ferritin und Hämosiderin gespeichert. Von diesem gespei- cherten Ferritin wird ein Teil via Glykosilierung über das endoplas- matische Retikulum ins Blut abgegeben, ein Teil via Transitpool zu den Mitochondrien geleitet und der Rest zum Abtransport mit Plasmatransferrin freigesetzt.

Eine direkte Korrelation zwischen der Höhe des Serumferritin- wertes und dem Gehalt an Depoteisen (semiquantitative Beurtei- lung mit Berliner Blau in Knochenmarkpunktaten) gilt als gesichert [14, 97, 104, 118, 157]. Bei Messung des Körpereisengehaltes mittels quantitativer Phlebotomie ließ sich eine numerische Beziehung (1 µg Serumferritin/l = 8 mg Speichereisen) ableiten [250]. Im Ver- gleich mit der Eisen-59-Resorption zur Beurteilung des Füllungszu- standes der Eisenspeicher bei Normalpersonen erwies sich Serum- ferritin als gleichwertig [36, 118].

Neben seiner Funktion als wichtigstes Eisenspeicherprotein des Organismus stellt Ferritin auch den wichtigsten postpartalen Eisen- donator dar [135, 136, 230], wobei das pränatal akkumulierte Eisen ca. 70% des Hämoglobineisens im 1. Lebensjahr deckt [233].

Die Bedeutung von Ferritin bei der Enttoxifizierung von freiem

Eisen [53, 88], seine Rolle bei Zellteilung und Zellproliferation [134, 201, 215] sowie die postulierte Bedeutung bei der Eisenaufnahme in die Zelle [138, 234] und seine Rolle bei der Absorption von Eisen im Darm [138, 234] sollen hier noch erwähnt werden.

3.3 Klinische Bedeutung

Die genaue Beurteilung des Füllungszustandes der Eisenspeicher ist von erheblicher diagnostischer Bedeutung. Eine exakte quantitative Evaluierung des vorhandenen Speichereisens ist quantitativ nur mit relativ aufwendigen Methoden möglich. Die quantitative Phlebotomie gilt als zuverlässigste Methode zur direkten Quantifizierung des gesamten Speichereisens. In der klinischen Praxis kann diese Methode jedoch kaum eingesetzt werden, da der hohe Aufwand nur für wissenschaftliche Untersuchungen vertretbar erscheint.

Die Eisen-59-Absorptionsmessung im klinischen Glanzkörperzähler liefert sensible quantitative Ergebnisse. Der apparative Aufwand, die Dauer der Bestimmung (10—14 Tage) sowie der Einsatz eines Radioisotops limitieren ebenfalls die Anwendung dieser Methode im klinischen Routinebetrieb.

Die Messung der Eisenkonzentration in der Gewebebiopsie weist einen guten Zusammenhang zwischen der qualitativ histochemischen und der quantitativ chemischen Eisenbestimmung in Leber und Knochenmarkbiopsie auf [252]. Die Beurteilung der histologischen Eisenfärbung unterliegt aber starken subjektiven Momenten, weiters stellt die Biopsie eine den Patienten belastende Untersuchungsmethode dar.

Die Desferrioxamin-induzierte Eisenausscheidung (Desferrioxamin-Test) über den Urin liefert brauchbare Werte zur Beurteilung des Ausmaßes der Eisenüberladung. Im Normalbereich und bei Patienten mit Eisenmangel ist die Sensibilität dieses Testes relativ gering.

Serumferritin weist eine gute Übereinstimmung mit den oben erwähnten Methoden zur Beurteilung des Füllungszustandes der Eisenspeicher auf [37, 249, 250]. Die objektiven Vorteile des Serumferritins für die Routinediagnostik liegen in der den Patienten

Hyperferritinämie

Repräsentativ   Nicht repräsentativ

Transfusionssiderose   Leberparenchymschäden
Hämochromatose   Infekt (Sepsis)
                                 chronische Polyarthritis (Schub)
                                 Malignom
                                 Eisentherapie p.o. (Tage)
                                 Eisentherapie i.v. (Wochen)
                                 dilatative Kardiomyopathie

Abb. 7. Ursachen einer nicht mehr für den Füllungszustand der Eisenspeicher repräsentativen Hyperferritinämie.
[Aus Linkesch W (1984) Acta Med Austr]

nicht belastenden einfachen Praktikabilität und der guten Reproduzierbarkeit.

Die klinische Bewertung des Serumferritinwertes sollte aber nicht isoliert, sondern stets im Zusammenhang mit der klinischen Gesamtsituation des Patienten erfolgen [141]. Die numerische quantitative Beziehung zwischen Serumferritin und dem Füllungszustand der Eisenspeicher kann nämlich durch bestimmte klinische Situationen gestört sein, die eine nicht mehr repräsentative Hyperferritinämie bewirken können (Abb. 7).

Eisenmangel

Der Organismus steigert bei vermehrtem Eisenbedarf zunächst die Eisenabsorption, in 50% der Fälle zeigt sich bereits eine Serumferritin-Verminderung (prälatenter Eisenmangel), bei weiterem Eisenverlust findet sich ein verminderter Serumferritinwert, eine Transferrinsättigung unter 15%, ein erniedrigter Serumeisenspiegel, eine verminderte Sideroblastenzahl im Knochenmark und ein erhöhtes freies Erythrozyten-Protoporphyrin (latenter Eisenmangel). Beim manifesten Eisenmangel tritt dann noch klassischerweise eine mikrozytäre hypochrome Anämie auf.

In Abb. 8 sind die Ergebnisse einer prospektiven Untersuchung

Patientengut eines General-Hospital (n = 100)

	Sensitivität %	Spezifität %	Effizienz %
Serumeisen	84	43	52
Transferrinsättigung	84	63	67
Serumferritin	79	96	92
Serumeisen + Serumferritin	84	42	51
Transferrinsättigung + Serumferritin	84	50	64

Abb. 8. Klinische Wertigkeit verschiedener Parameter zur Erfassung eines Eisenmangels. (Nach Mazza et al [169])

von 100 nichtselektionierten Patienten dargestellt [169], in der die klinische Wertigkeit vom Serumeisen, Transferrin und Ferritin zur Aufdeckung eines Eisenmangels untersucht wurde, wobei als Referenzkriterium eine fehlende Eisenanfärbung im Knochenmark-Ausstrich herangezogen wurde. Die Sensitivität der Parameter, einen Eisenmangel richtig zu erfassen, lag bei allen Methoden etwa im gleichen Bereich; die Spezifität, d. h. einen Patienten ohne Eisenmangel richtig zu erfassen, lag bei Serumferritin mit 96% eindeutig am höchsten, was die überlegene Effizienz dieses Parameters von 92% bewirkt.

Der voraussichtliche Schätzwert, einen Eisenmangel festzustellen, lag für Serumferritin bei 83%, für die Transferrinsättigung dagegen bei nur 39%. Der Schätzwert, einen Eisenmangel auszuschließen, betrug für Serumferritin 94%, für die Transferrinsättigung 93%.

Therapieüberwachung des Eisenmangels und der Eisenüberladung

Nach Beginn einer oralen Eisentherapie ist initial ein für den momentanen Füllungszustand der Eisenspeicher nicht repräsentativer Ferritinanstieg zu beobachten. Im Verlauf der meistens mehrmonatigen oralen Eisentherapie wird der Füllungsgrad der Eisenspeicher dann wieder richtig reflektiert [118]. Die Therapie sollte noch ca. 3 Monate über die Normalisierung des Hämoglobinwertes hinaus bis zur vollen Auffüllung der Eisenspeicher fortgesetzt werden.

Unter parentaler Eisentherapie kommt es zu einer nicht repräsentativen Hyperferritinämie; erst nach einem therapiefreien Intervall von 3 bis 4 Wochen läßt sich eine direkte Relation von Serumferritin und Depoteisen nachweisen [118].

Hämodialyse

Serumferritin korreliert auch bei Patienten mit chronischer Niereninsuffizienz mit dem anfärbbaren Knochenmarkeisen [13, 97, 174], während Serumeisen, totale Eisenbindungskapazität, Transferrinsättigung und die Erythrozyten-Indizes ihrer starken Variabilität wegen bei Urämie nur bedingt verwertbar sind [23, 59]. Bei Beginn der Hämodialysebehandlung kann mittels Serumferritin der Eisenstatus ermittelt und über die Notwendigkeit und Art einer Substitutionstherapie entschieden werden [142]. Die Effizienz einer oralen Eisentherapie unter Hämodialyse läßt sich nur durch einen Anstieg des Serumferritins objektivieren. Langzeit-Hämodialyse-Patienten benötigen oft ständig Blutkonserven. Der Therapieeffekt von Desferrioxamin bei diesen polytransfundierten Dialyse-Patienten mit Transfusionssiderose kann mit Ferritin überwacht werden [127].

Schwangerschaft

Ein Eisenmangel wird unter der Belastung einer Gravidität (ca. 800—1000 mg Eisenverlust) verstärkt oder manifest. Ein kontinuierlicher Abfall der Serumferritinwerte während der Schwangerschaft wurde von mehreren Autoren gefunden [60, 66, 122]. Physiologische Änderungen in der Gravidität, wie Vermehrung des Plasmavolumens, die sich auf Hämoglobin- und Hämatokritwerte auswirken können, betreffen die Serumferritinspiegel nicht [100].

Ab der 12. Schwangerschaftswoche kommt es durch ein Ansteigen der erythropoetischen Aktivität der Mutter zu einem Absinken des Speichereisens [66]. Nach der 28. Schwangerschaftswoche, nachdem die mütterliche Erytropoese ihre Anforderungen befriedigt hat, verursacht der wachsende Eisenbedarf des Fetus einen weiteren signifikanten Abfall des Speichereisens der Schwangeren [148]. Der Eisenstatus der Mutter hat üblicherweise keine Auswirkungen auf den des Fetus, der bei der Geburt ca. 400 mg Eisen besitzt, das er transplazentar von der Mutter in Form von Ferritin mitbekommen hat.

Differentialdiagnose der Anämie

In der Differentialdiagnose der Anämie kann Serumferritin in Kombination mit z. B. Serumeisen erfolgreich eingesetzt werden. Wie aus Abb. 9 ersichtlich, liegt bei der sogenannten chronischen

1. ***Hyposiderämie + Hypoferritinämie***
   Eisenmangel A. (Blutung)
   PNH
   Marsch-Hämoglobulinurie
   Künstliche Herzklappen

2. ***Hyposiderämie + Hyperferritinämie***
   A. bei chronischen Erkrankungen
      (Infekte, Entzündungen, Tumore, chronische Polyarthritis)
   Cong. Sideroachrest. Hypochr. Mikrozyt. A.
      Atransferrinämie
      Transferrin-Autoantikörper
      Receptordefekt (Shahidi-Diamond)

3. ***Hypersiderämie + Hyperferritinämie***
   A. mit Hyperplasie der ineffektiven Erythropoese
      Sideroblasten A.
      Thalassämia major
      Megaloblast. A.
      Dyserythropoetische A.
      Präleukämien

Abb. 9. Differentialdiagnose der Anämie mittels Serumferritin und Serumeisen. [Aus Linkesch W (1984) Acta Med Austr]

Infektanämie, die besser sideropenische Anämie mit Siderose des Retikuloendothelialen-Systems genannt werden sollte, üblicherweise eine Kombination von Sideropenie und Hyperferritinämie vor. Sollte es aber bei diesen chronischen Erkrankungen (chronische Polyarthritis, Tumore, Infekte, chronische Entzündungen) zusätzlich zum Auftreten von Blutungen kommen und ein Eisenmangel auftreten, fällt Serumferritin in den bzw. unter den Normalbereich ab und kann so den zusätzlichen Eisenmangel anzeigen [147]. In eigenen Untersuchungen bei Patienten mit chronischer Polyarthritis im nichtaktiven Krankheitsstadium konnten wir mit Serumferritin als Indikatorsubstanz einerseits jene Patienten herausselektionieren (20% der untersuchten Patienten), die einer oralen Eisentherapie bedurften und andererseits den Therapieerfolg mittels Serumferritin evaluieren [225].

3.4 Nachweismethoden

Durch die Entwicklung eines Immunoradiometrischen Assay für den Nachweis von Serumferritin durch Addison et al. 1972 [2] war der Durchbruch für eine breite Anwendungsmöglichkeit der radioimmunologischen Bestimmung von Serumferritin gelungen. Innerhalb kurzer Zeit nach dieser Erstbeschreibung wurden unterschiedliche Verfahren mit modifizierten Techniken neu entwickelt, die sich auf vier verschiedene Testsysteme zurückführen lassen.

1. *Prinzip des Radio-Immunoassay (RIA)*

Eine definierte Menge Antikörper reagiert mit dem Antigen (Ferritin) und einer kleinen Menge radioaktiv markiertem Ferritin (Abb. 10). Das zu messende Ferritin aus der Probe und das radioaktiv markierte Ferritin konkurrieren kompetitiv um die Bindung an den Antikörper. Von einem zweiten Antikörper werden die entstandenen Antigen-Antikörper-Komplexe gebunden und durch Zentrifugieren abgetrennt. Die im Überstand verbleibende Radioaktivität ist direkt proportional der Ferritinkonzentration in der unbekannten Probe [73, 80, 160, 162, 187, 243, 256].

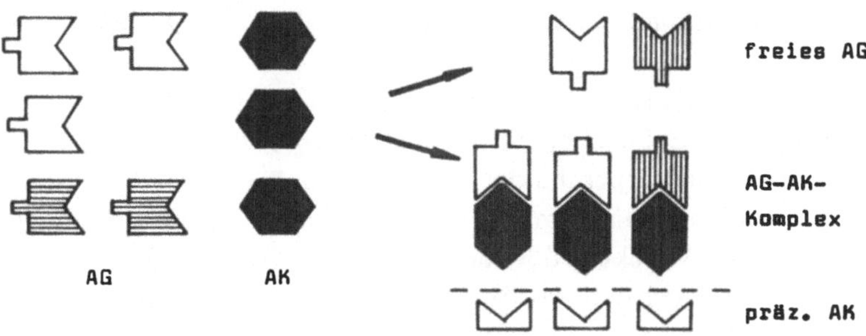

Abb. 10. Prinzip der Ferritinbestimmung mittels Radioimmunoassay (RIA)

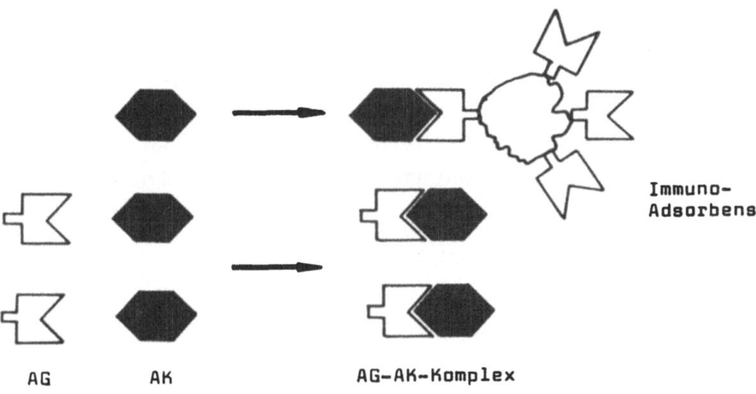

Abb. 11. Prinzip der Ferritinbestimmung mittels immunoradiometrischem Assay (IRMA)

2. Prinzip des Immuno-Radiometrischen Assay (IRMA)

Der im Überschuß vorhandene radioaktiv markierte Antikörper reagiert mit dem Antigen (Ferritin). Durch ein Immunoadsorbens wird der nichtantigengebundene Antikörper gebunden und durch Abzentrifugieren entfernt (Abb. 11). Die Ferritinkonzentration ist proportional der im Überstand verbliebenen Aktivität [97, 111, 117, 193].

3. *Prinzip des zweiphasenradiometrischen Assay (Two site IRMA)*

Das Antigen (Ferritin) reagiert mit dem an die Röhrchenwand oder eine Plastikkugel gebundenen Antikörper (Solidphase).

Dieser Antikörper bindet das Ferritin. Nach einem Waschschritt wird radioaktiv markierter Antikörper zugesetzt. Bedingt durch seine Molekülgröße und multiple Bindungsstellen kann Ferritin auch noch den markierten Antikörper binden. Nach Abbau dieser Reaktion wird neuerlich gewaschen. Die an der Röhrchenwand bzw. an der Oberfläche der Plastikkugel verbliebene Aktivität ist proportional der Ferritinkonzentration in der ursprünglichen Probe [6, 45, 172, 230].

4. *Enzym-Immuno-Assay (EIA)*

In den letzten Jahren wurde auch die Entwicklung des Enzyme-Linked Immunosorbant Assay (ELISA) sehr verfeinert. Ein Antiferritin-Antikörper wird an die Wand des Probenröhrchens adsorbiert. Nach Inkubation der Probe wird ein zweiter Antikörper, der anstelle des Isotops mit alkalischer Phosphatase [238] oder Meerrettich-Peroxidase [275] konjugiert wurde, zugesetzt. Die Menge des enzymmarkierten Antikörpers wird kolorimetrisch im Fotometer bestimmt.

3.5 Normalwerte

Durch die Einführung einer international standardisierten Präparation für humanes Leberferritin (WHO-Reagent 80/602) durch das International Committee for Standardization in Haematology [101, 102], die in zunehmendem Maße Verwendung findet, sollte es in Zukunft möglich sein, auch eine internationale Vereinheitlichung der Serumferritinwerte zu erzielen. Der Vergleich eines Testsystems (Behringwerke, Frankfurt), das den internationalen Standard (WHO 80/602) verwendet, mit 21 gebräuchlichen kommerziellen Testverfahren ist in Tabelle 1 dargestellt. Sowohl im unteren, mittleren als auch oberen Meßbereich liegen die Mittelwerte des internationalen Standards im mittleren Bereich im Vergleich zu den

Tabelle 1. *Serumferritinwerte des WHO-Standards im Vergleich mit kommerziellen Testsystemen. Niedrige, mittlere und hohe Konzentrationsbereiche (Mittelwert und Gesamtbereich)*

Hersteller	$\bar{x}$	Range	$\bar{x}$	Range	$\bar{x}$	Range
		ng/ml		ng/ml		ng/ml
Abbott Ferrizyme	55	42—68	121	91—151	383	291—475
American S/P	51	41—61	125	103—147	299	255—343
Amersham	54	41—67	152	121—183	473	378—568
Autopak Ferritin	68	57—79	153	133—173	428	368—488
Becton Dickinson	38	30—46	113	101—124	311	267—355
Becton D./IRMA	28	20—34	83	65—101	234	183—284
Bio-Rad Quantimmune IRMA	45	37—53	115	101—129	440	364—516
Bio-Rad	45	37—53	115	101—129	440	364—516
Clinical Assays	43	36—49	126	101—151	332	288—377
Corning/Immophase	59	48—70	132	107—157	377	298—456
Corning/Magic	56	45—66	124	94—155	359	327—391
Diagnostic Products	38	34—42	105	96—114	347	320—375
Hybritech Tandem E	24	19—28	74	60—87	188	150—226
Hybritech Tandem R-FER	29	22—36	87	78—97	223	167—280
Leeco Diagnostics Ferritin Quant	46	32—61	111	65—157	337	211—464
Micromedic Ferritin	46	37—55	135	121—149	395	340—450
Nen Rianen	30	22—38	103	91—115	292	257—327
Ramco Fer-Iron	40	34—46	92	79—105	315	255—375
Ramco Spectro Fer.	39	29—49	98	79—117	300	245—355
Serono Diagnostics	23	16—29	87	72—102	220	204—236
Ventrex	51	41—61	125	103—147	299	255—343
WHO-Standard	43	(14—62)	111	(34—151)	291	(79—504)

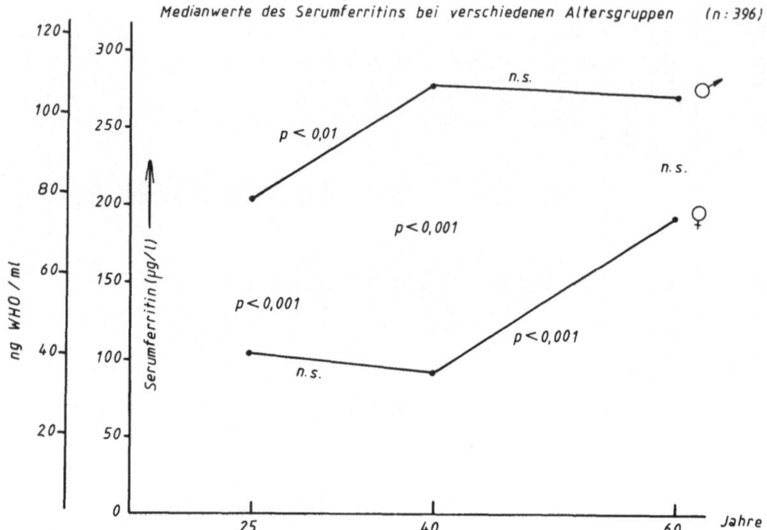

Abb. 12. Altersabhängigkeit und Geschlechterverteilung des Serumferritins bei gesunden Normalpersonen (mediane Werte).
[Aus Linkesch W (1984) Wien Med Wschr]

anderen kommerziellen Assays, was für die klinische Sicherheit in der Anwendung nur von Nutzen sein kann.

In eigenen Untersuchungen bei gesunden Normalpersonen (N = 396) aus Wien konnten wir einen signifikanten Geschlechts- und Altersunterschied der Serumferritinwerte finden [152, 155]. Im geschlechtsreifen Alter zeigt sich ein signifikant niedrigerer Medianwert für die Frauen, der den bekannten physiologischen Unterschied im Füllungsgrad der Eisenspeicher zwischen Männern und Frauen widerspiegelt. Wie in Abb. 12 dargestellt, nimmt nach der Menopause die mediane Serumferritinkonzentration signifikant zu, der Unterschied zu den Männern verschwindet, was im wesentlichen durch den Wegfall der Menstruationsblutungen und Schwangerschaften erklärt werden kann. Bei den Männern konnten wir zunächst mit zunehmendem Alter einen signifikanten Anstieg beobachten, der jenseits des 40. Lebensjahres nicht mehr signifikant zunahm. Diese Zunahme der Serumferritinkonzentration im höhe-

Tabelle 2. *Altersabhängigkeit und Geschlechterverteilung von Serumferritin bei Normalpersonen [Linkesch W, (1984) Wien Med Wschr]*

Autor	Alter Jahre	Männlich		Weiblich		n
		$\bar{x}$,	95%-Bereich	$\bar{x}$,	95%-Bereich	
Valberg et al. 1976	20—39	93	(14—618)	23	(4—145)	95
	40—64	92	(10—799)	29	(3—313)	103
	65—90	92	(13—651)	52	(4—665)	104
Cook et al. 1976	18—45	94	(34—196)	25	(7—44)	240
	45	124	(29—455)	89	(12—170)	165
Linkesch 1982	25	78*	(15*—149*)	40*	(13*—65*)	396
	40	107*	(19*—237*)	35*	(7*—87*)	
	60	104*	(34*—284*)	74*	(14*—129*)	

* Serumferritinwert in ng WHO/ml, Mittelwert und 95% Vertrauensbereich

ren Lebensalter könnte Ausdruck einer stärkeren Stimulation des retikuloendothelialen Systems, z. B. durch chronisch entzündliche Erkrankungen sein. In Tabelle 2 sind Ergebnisse von Cook et al. [37] und Valberg et al. [243] im Vergleich zu unseren eigenen Normalwerten, die auf internationalen Standard (WHO-Reagent 80/602) bezogen wurden, aufgelistet.

Cook et al. [37] beobachteten zwischen dem 15. und 25. Lebensjahr einen etwa dreifachen Anstieg der Ferritinwerte, dann bei den Männern einen weiteren allmählichen Anstieg mit zunehmendem Lebensalter. Bei den Frauen blieben im Gegensatz dazu bis zum 45. Lebensjahr die Serumferritinspiegel gleich, dann zeigte sich ein kontinuierlicher Anstieg.

Finch et al. [67], die 803 männliche und 812 weibliche Erstblutspender im Alter von 18 bis 45 Jahren untersuchten, fanden abgesehen von absolut höher gelegenen Serumferritin-Spiegeln entsprechende Ergebnisse. Unsere eigenen Resultate der Serumferritinwerte von gesunden Kontrollpersonen, bestehend aus einer gruppengleichen Anzahl von je drei Altersgruppen von Männern und Frauen, die in 20 blutchemischen und 7 hämatologischen mit Standardmethoden bestimmten Parametern Normalwerte aufwiesen, eignen sich daher als Referenzwerte [155]. Der 95%-Konfidenzbereich unseres Gesamtkollektivs (N = 396) betrug 11 bis 132 ng/ml (WHO 80/602). Dieser Bereich wurde als Normalbereich definiert und diente in den folgenden Kapiteln als Referenzbereich für die Serumferritinwerte bei Patienten mit malignen Erkrankungen.

II. Ferritin bei malignen Erkrankungen

1. Einführung

Beim Morbus Hodgkin konnte bereits 1956 mittels einer wenig sensitiven immunologischen Technik Ferritin im Serum nachgewiesen werden [207]. Von Richter [212] wurde 1965 im Vergleich von neoplastischen und nichtneoplastischen humanen Zellen gezeigt, daß die Gewebskulturen menschlicher Tumore Ferritin synthetisieren können. 1967 wurden von Burtin et al. [30] ein Alpha-II-H-Globulin beschrieben, das in 80% der Sera von Kindern und in 50% der Sera von Erwachsenen mit verschiedenen Malignomen vorkam, dagegen nur in 9—18% bei Individuen mit benignen Erkrankungen. Später wurde dieses Protein als Isoferritin identifiziert. 1973 berichteten Jones et al. [115] über erhöhte Serum-Ferritinwerte bei 85% ihrer Patienten mit akuten myeloischen Leukämien. Der erste direkte Nachweis für eine gesteigerte Ferritinsynthese durch eine maligne Zelle wurde dann von White et al. [254] bei akuter myeloischer Leukämie geführt. Weitere Berichte anderer Autoren demonstrieren eine Ferritinsynthese aus Hela- und KB-Zellen [211].

In humanem Tumorgewebe wurde Ferritin mittels Immunfluoreszenz zunächst bei Mammakarzinom und Pankreaskarzinom nachgewiesen [161]. In eigenen Untersuchungen konnten wir 1978 erstmalig bei Patienten mit metastasierten Hodentumoren einen signifikanten Zusammenhang zwischen der aus dem Tumor stammenden LDH und Serumferritin nachweisen [141, 144]. Eine tierexperimentelle Studie von Watanabe et al. [151], in der verschiedene menschliche Tumore nach Transplantation in nackte Mäuse während des Tumorwachstums einen Anstieg und nach Entfernung des Tumors einen raschen Abfall von humanem Serumferritin zeigten, gab Hinweise für die Genese des Serumferritins aus dem Tumorgewebe selbst. Von zahlreichen Arbeitsgruppen wurde mittlerweise bei Patienten mit Mammakarzinom [162], Lungenkarzinom [79], Hepatom [123], Morbus Hodgkin [62], Pankreaskarzinom [188], Leukämie und multiplem Myelom [200], Non-Hodgkin-Lymphom [193], Urogenitalkarzinom [146], die klinische Evidenz erhöhter Serumferritinwerte erbracht.

Die Sensitivität von Serumferritin, definiert durch einen erhöhten Serumferritinwert bei verifizierter, maligner Erkrankung lag in Übereinstimmung mit der Literatur in unserem eigenen Patientengut bei 687 Patienten mit verschiedenen maligenen Erkrankungen (Tabelle 3) zwischen 0,24 und 1,0. Die Sensitivität von Serumferritin kann also hier als durchaus zufriedenstellend betrachtet werden, jedoch muß die Spezifität von Serumferritin zur Erfassung eines Tumors zumindest mit den derzeit allgemein verfügbaren Nach-

Tabelle 3. *Sensitivität von Serumferritin bei von uns untersuchten Patienten (n = 687) mit verifiziertem Tumor. Erhöhte Serumferritinwerte: > 132 ng WHO/ml*

Mammakarzinom	N = 63	0,57
N. Bronchi	N = 31	0,80
Hypernephrom	N = 19	0,78
N. Prostatae	N = 8	0,87
Hodentumore	N = 150	0,37
AML	N = 23	1,0
CML	N = 13	0,92
ALL	N = 7	0,85
CLL	N = 37	0,24
M. Hodgkin	N = 60	0,40
NHL	N = 26	0,46
Multiples Myelom	N = 96	0,64
Malignes Melanom	N = 55	0,28
Primäres Leberzellkarzinom	N = 22	0,77
Pankreaskarzinom	N = 30	0,80
Magenkarzinom	N = 14	0,71
Colonkarzinom	N = 33	0,54

weismethoden von Serumferritin als nicht ausreichend angesehen werden. Der Parameter Serumferritin erfüllt nicht alle Kriterien eines Tumormarkers im engeren Sinn, ist aber als Biomarker bei malignen Erkrankungen von Interesse und klinischem Nutzen.

Der genaue Mechanismus, der zur Erhöhung von Serumferritin bei Malignomen führt, scheint komplex zu sein. Bei zunehmender Progredienz der malignen Grunderkrankung könnten andere Mechanismen, wie ein Block der Erythropoese mit gesteigerter Eisenspeicherung im retikuloendothelialen System, Tumormetastasen mit Leberzellnekrosen, Entzündungen etc. zu einer Hyperferritinämie beitragen, während aber der Großteil des erhöhten Serumferritins aus dem Tumor selbst stammen dürfte.

2. Isoferritine bei malignen Erkrankungen

Isoferritine, die aus malignem Gewebe stammen, zeichnen sich in der Regel im Vergleich zu Isoferritinen aus normalem Gewebe durch einen saureren isoelektrischen Punkt aus. Es erschien daher logisch, daß die Anwendung von Assays für saure Isoferritine eine Steigerung der Sensitivität und Spezifizität von Serumferritin in der Serumdiagnostik maligner Erkrankungen erzielen würde. Die in der Literatur gefundenen Werte von Serumferritin, gemessen mit einem sauren Herzferritin-Assay sind aber kontroversiell. So wurden von Niitsu et al. [191] oder Hazard und Drysdale [92] erhöhte Werte bei verschiedenen Malignomen beschrieben, während andere Autoren eher niedrigere Werte fanden [11, 113]. Diese beschriebenen Diskrepanzen könnten teilweise in inhärenten Differenzen der Spezifizität der verwendeten Antikörper zu suchen sein. Außerdem wurden für die Reinigung von Ferritin verschiedene Methoden verwendet, wie Dichtegradienten-Zentrifugation oder Hitzebehandlung, wobei durch die jeweilige Behandlung spezifische Formen von Isoferritinen des Proteins selektioniert oder ausgeschlossen werden können. H-reiche Proteine scheinen einer Hitzebehandlung gegenüber prinzipiell wesentlich sensitiver zu sein, so daß aktuelle Konzentrationen saurer oder „H-reicher" Isoferritine sowohl im normalen als auch im malignen Gewebe oft zu niedrig gemessen werden [187].

3. Maligne Lymphome

3.1 Morbus Hodgkin

Bereits mit wenig sensiblen Methoden konnten früher erhöhte Ferritinwerte im Serum von Patienten mit Morbus Hodgkin nachgewiesen werden, die sich im Serum von Gesunden nicht nachweisen ließen (Reissmann 1956 [207], Wöhlers 1959 [258], Aungst 1968 [12], Bieber 1973 [18]. Seit der Einführung der sensiblen immunoradometrischen Bestimmung von Serumferritin sind mehrere Arbeiten erschienen, die sich mit dem Verhalten von Serumferritin bei Morbus Hodgkin auseinandersetzen (Jones 1973 [115], Eshhar 1974) [62], Oertel 1977 [193].

Unsere eigenen Ergebnisse bei insgesamt 60 Patienten mit Morbus Hodgkin sind in den folgenden Tabellen dargestellt. In Übereinstimmung mit Dörner et al. [48], die 47 Patienten mit Morbus Hodgkin untersuchten, konnten wir ebenfalls eine signifikante Assoziation mit dem Ausbreitungsstadium (Tabelle 4) und der Krankheitsprogression (Tabelle 5), aber keinen signifikanten Unterschied zwischen den Stadien A und B finden (Tabelle 6). Bemerkenswert erscheint uns die signifikante Serumferritin-Erhöhung bei dem bekanntermaßen prognostisch ungünstigen histologischen lymphozytenarmen Subtyp gegenüber den anderen histologi-

Tabelle 4. *Serumferritin (ng WHO/ml) in Relation zum Ausbreitungsstadium des M. Hodgkin (n = 52)*

Stadium	II	III	IV
Patienten	13	18	21
Mittelwert	87	290	552
Standarddeviation	90	689	629
Minimum	12	13	37
Maximum	332	2985	2307
Median	52[1]	86	357

[1] Statistische Auswertung: Stadium II versus III + IV: Kruskal-Wallis-Test, p < 0,01.

Tabelle 5. *Serumferritin (ng WHO/ml) in Relation zur Krankheitsaktivität des M. Hodgkin (n = 58)*

Krankheitsaktivität	Remission	Progression
Patienten	32	26
Mittelwert	58	597
Standarddeviation	35	736
Minimum	12	56
Maximum	163	2985
Medianer Wert	48	344[1]

[1] Statistische Auswertung: Wilcoxon 2 Sample-Test, p < 0,0001.

Tabelle 6. *Serumferritin (ng WHO/ml) in Relation zum Krankheitsstadium des M. Hodgkin (n = 49)*

Krankheitsstadium	A	B
Patienten	22	27
Mittelwert	216	427
Standarddeviation	622	543
Minimum	12	13
Maximum	2985	2307
Medianer Wert	63	207[1]

[1] Statistisch nicht signifikant.

schen Subtypen des Morbus Hodgkin (Tabelle 7). Im Schrifttum wird darüber kaum berichtet, so enthält eine Arbeit nur einen Patienten mit lymphozytenarmen Typ [48], andere Autoren lassen in ihren Serumferritinstudien eine Aufteilung in die histologischen Subtypen des Morbus Hodgkin vermissen [115, 193].

Eisenstoffwechseluntersuchungen bei Morbus Hodgkin konnten zeigen, daß vor allem bei Patienten mit B-Symptomatik eine signifikante Erniedrigung von Haemoglobin und Serumeisen bei gleichzeitiger Serumferritin-Erhöhung besteht. Eine gesteigerte, ineffektive Erythropoese oder Erythrozyten-Destruktion besteht

Tabelle 7. *Serumferritin (ng WHO/ml) in Relation zum histologischen Subtyp des M. Hodgkin (n = 48)*

Histologie	Lympo-zyten-arm	Nodulär-sklero-sierend	Ge-mischt-zellig	Lympho-zyten-reich
Patienten	6	19	19	4
Mittelwert	1000	266	263	74
Standarddeviation	824	665	316	50
Minimum	30	20	37	13
Maximum	2307	2985	1311	127
Medianer Wert	837[1]	91	130	78

[1] Tukey's studentized range test, p < 0,05.

nicht, aber eine Depression der Erythropoese mit mangelndem Ansprechen des Knochenmarks auf den Stimulus der milden Anämie [7].

Manche Autoren neigen zur Ansicht, daß die beobachteten Serumferritin-Erhöhungen bei Morbus Hodgkin, die mit einem niedrigen Serumeisen und einer verminderten Transferrinsättigung einhergehen, einen Shift des Eisens vom Transferrinpool in den retikuloendothelialen Ferritinpool widerspiegeln [115]. Eine Erhöhung der Eisenkonzentration im „Prerelease-Pool" könnte via Stimulation der Ferritinsynthese durch Eisen zu einer gesteigerten Ferritinsynthese im retikuloendothelialen System führen [156].

Die Interkorrelationsanalyse unserer eigenen Ergebnisse (Tabelle 8) läßt eine inverse Korrelation zwischen Serumferritin und Haemoglobin bei unbehandelten Patienten, sowie deutlicher zwischen Serumferritin und Haemoglobin und Serumferritin und den Erythrozyten bei behandelten Patienten sowie im Gesamtkollektiv erkennen.

Bei unseren Untersuchungen fehlt eine inverse Korrelation zwischen Serumeisen und Serumferritin, in anderen Untersuchungen wird ein signifikanter Zusammenhang zwischen Serumferritin und Hämoglobin nicht gefunden [48]. Der vorhin postulierte

Tabelle 8. *Korrelationsanalyse (Kendall's Tau) zwischen Serumferritin und anderen relevanten Parametern beim M. Hodgkin*

Therapie Patienten	Unbehandelt 15 Ferritin	Behandelt 44 Ferritin	Gesamt 60 Ferritin
Erythrozyten	−0,49	0,36[1]	−0,38[2]
Hämoglobin	−0,58[1]	−0,42[2]	−0,47[3]
Serumeisen	−0,16	−0,39	−0,32
Blutsenkungs- geschwindigkeit	−0,35	0,34	0,17
Leukozyten	−0,33	0,41[1]	−0,02
Thrombozyten	−0,52	0,38[1]	0,05
Alter	−0,35	−0,05	−0,14
Überlebenszeit	−	0,12	0,15

[1] $p < 0,05$; [2] $p < 0,01$; [3] $p < 0,001$.

Mechanismus könnte also zu Serumferritin-Erhöhung beim Morbus Hodgkin beitragen, gilt aber keinesfalls als gesichert.

Sarcione et al. [222] fanden in peripheren Lymphozyten aller Stadien des Morbus Hodgkin eine 4,2fach höhere Synthese von Ferritin und eine 2,4fach raschere Sekretion von Ferritin als in normalen Lymphozyten, während aber insgesamt die Proteinsynthese in normalen Lymphozyten rascher ablief. In einer weiteren Untersuchung [221] stellten diese Autoren eine gesteigerte Ferritinsynthese in Milzzellen von Hodgkin-Patienten mit Milzbefall im Rahmen des Morbus Hodgkin fest. Diese Untersuchungen zeigen auf, daß erhöhte Serumferritinwerte beim Morbus Hodgkin durchaus aus einer De-novo-Synthese von involvierten Lymphozyten stammen könnten.

Lymphozyten, die sich um die Sternberg-Reedschen Zellen gruppieren, und Lymphozyten, die bei Organbefall des Morbus Hodgkin involviert sind, wurden als T-Lymphozyten identifiziert [24, 120]. Eine Arbeitsgruppe [170] konnte eindrucksvoll demonstrieren, daß eine spezifische Subpopulation von Lymphozyten, die um Morbus-Hodgkin-Zellen liegen, das von Order et al. [194, 195] beschriebene tumorassoziierte Antigen des Morbus Hodgkin aufweisen, das später als Ferritin identifiziert wurde [62]. Weiters wurde von dieser Arbeitsgruppe herausgefunden, daß eine Assoziation zwischen hohen Ferritin-Konzentrationen und jenen Lymphozyten bei Morbus Hodgkin mit geringstem Dichtegrad bestand [196]. Moroz et al. [177] wiesen Ferritin auf der Oberfläche einer Subpopulation von T-Lymphozyten bei Morbus Hodgkin und Mammakarzinom nach. Später demonstrierten sie die Anwesenheit eines blockierenden Proteins, das bei Patienten mit Morbus Hodgkin nach Gabe von Levamisol aus den peripheren Lymphozyten stimuliert werden konnte [179]. Das blockierende Protein reagierte mit einem Antikörper gegen humanes Milzferritin.

Nach Loslösung des blockierenden Proteins durch Levamisol kehrte die E-Rosetten-Bildung auf normales Niveau zurück. Das fehlende Ansprechen in der zellulär mediierten Immunität von Patienten mit Morbus Hodgkin scheint daher auf funktionelle Abnormalitäten von T-Lymphozyten zurückzuführen zu sein, möglicherweise verursacht durch Ferritin als inhibitierende Substanz.

Klinisch war es nicht möglich, aus der Höhe der Serumferritinspiegel signifikante prognostische Aussagen abzuleiten. So konnten wir in der Interkorrelationsanalyse einen statistisch gesicherten signifikanten Zusammenhang zwischen Serumferritin und der Überlebenszeit von Patienten mit Morbus Hodgkin nicht finden. Dies ist auch bei Verlaufsbeobachtungen von Serumferritinspiegeln bei Morbus Hodgkin nicht eindeutig gelungen [48]. Dennoch muß dies den klinischen Wert der Serumferritinbestimmung bei Morbus Hodgkin nicht unbedingt schmälern, da in allen bisher beschriebenen Studien der größte Teil der Patienten sich in Langzeitremission befand.

Im Einzelfall kann in der Verlaufsbeobachtung einem exzessiven Anstieg von Serumferritin durchaus die klinische Relevanz einer Tumorprogression zukommen. Bei Serumferritinwerten > 3000 ng/ml wurde in 7 von 8 Fällen eine richtige Koinzidenz mit einer Tumorprogression angegeben [48]. In unserem eigenen Patientengut wiesen Patienten mit Serumferritinwerten > 2000 ng WHO/ml eine kürzere Überlebenszeit auf, die aufgrund kleiner Fallzellen statistisch nicht als gesichert gelten kann. Unsere eigenen Untersuchungen zeigen, daß Serumferritin als zusätzlicher Parameter in der Beurteilung der Krankheitsaktivität bei Morbus Hodgkin herangezogen werden kann. Der hochsignifikante Unterschied ($p < 0,0001$) zwischen Patienten in Progression und solchen in Remission zeigte keinen Zusammenhang der Serumferritinwerte mit z. B. der Blutsenkungsgeschwindigkeit. Serumferritin kann daher durchaus als zusätzlicher Parameter für die Beurteilung der Krankheitsaktivität bei Morbus Hodgkin herangezogen werden.

Für die Bewertung von Serumferritin bei Morbus Hodgkin in der Klinik muß aber erwähnt werden, daß während und/oder nach Chemotherapie und insbesondere während und/oder nach Strahlentherapie es zu einer längeren Persistenz erhöhter Serumferritinwerte kommen kann, die als therapeutischer iatrogener Effekt und nicht im Zusammenhang mit der Grundkrankheit bewertet werden müssen.

3.2 Non-Hodgkin-Lymphome

Erhöhte Serumferritinwerte bei malignen Non-Hodgkin-Lymphomen wurden von mehreren Arbeitsgruppen beschrieben [74, 77, 167, 193, 200]. Meist fand sich ein deutlicher Unterschied in der Höhe der Serumferritinwerte zwischen den malignen Lymphomen niedriger Malignität und solchen mit hoher Malignität [193, 200] oder zwischen den verschiedenen Ausbreitungsstadien [200].

Unsere eigenen Ergebnisse inkludieren 26 Patienten mit malignen Non-Hodgkin-Lymphomen und 37 Patienten mit chronisch lymphatischer Leukämie, die in einem eigenen Abschnitt abgehandelt werden.

Wie aus Tabelle 9 ersichtlich, bestand ein signifikanter Unterschied ($p < 0,0001$) in den Serumferritinwerten der unbehandelten Gruppe zu den Patienten mit Non-Hodgkin-Lymphomen, die bereits eine Therapie erhalten hatten. Weiters wies die Gruppe der

Tabelle 9. *Serumferritin (ng WHO/ml) in Relation zur Behandlung des Non-Hodgkin-Lymphoms (n = 26)*

Therapie	Unbehandelt	Behandelt	Gesamt
Patient	13	13	26
Mittelwert	89	470	279
Standarddeviation	58	687	515
Minimum	15	23	15
Maximum	185	2307	2307
Medianer Wert	75[1]	186	125

[1] T-Test: p < 0,0001.

Tabelle 10. *Serumferritin (ng WHO/ml) in Relation zum Malignitätsgrad des Non-Hodgkin-Lymphoms (n = 25)*

Malignität	Niedrig	Hoch
Patienten	19	6
Mittelwert	128	541
Standarddeviation	135	869
Minimum	15	87
Maximum	603	2307
Median	120[1]	213

[1] Kruskal-Wallis-Test; p < 0,001.

Patienten mit hochmalignen Non-Hodgkin-Lymphomen, klassifiziert nach der Kieler Klassifikation [70], im Vergleich zu den Patienten mit niedrigmalignen Non-Hodgkin-Lymphomen signifikant erhöhte (p < 0,001) Serumferritinspiegel auf (Tabelle 10). Die Verteilung der Serumferritinwerte innerhalb der einzelnen histologischen Subtypen der untersuchten Patienten mit hoch- und niedrigmalignen Non-Hodgkin-Lymphomen ist in Tabelle 11 dargestellt. Bei den Patienten mit niedrigmalignen Non-Hodgkin-Lymphomen liegen die Mediane der Serumferritinwerte aller histologischen Subtypen innerhalb des Normbereiches. Dagegen weisen

Tabelle 11. *Serumferritin (ng WHO/ml) in Relation zum histologischen Subtyp des Non-Hodgkin-Lymphoms (n = 25)*

Histologie	Lympho-zytisch	Immuno-zytisch	Zentro-zytisch	Zentro-zytisch/ zentro-blastisch	Zentro-blastisch	Lympho-blastisch	Immuno-blastisch
Patienten	2	6	5	6	1	3	2
Mittelwert	22	148	152	125		853	186
Standarddeviation	1,4	79	253	53		1254	140
Minimum	21	60	15	51		125	87
Maximum	23	288	603	185		2307	285
Medianer Wert	21[1]	128[1]	53[1]	137[2]	300[2]	142[2]	186[2]

[1] Mediane Werte der niedrigmalignen NHL liegen im Normbereich (< 132 ng WHO/ml).
[2] Mediane Werte der hochmalignen NHL oberhalb des Normbereiches (> 132 ng WHO/ml).

Tabelle 12. *Korrelationsanalyse (Korrelationskoeffizient Tau nach Kendall) zwischen Serumferritin und einigen Parametern bei Non-Hodgkin-Lymphomen*

Patienten	Unbehandelt 13	Gesamt 26
Erythrozyten	−0,24	−0,01
Hämoglobin	−0,21	−0,04
Leukozyten	−0,43	−0,34
Thrombozyten	−0,50	−0,18
Periphere Lymphozytenzahl	0,07	−0,08
Infiltration des Knochenmarks (in %)	0,26	0,08
Alter	−0,07	0,21

die Patienten mit hochmalignen Non-Hodgkin-Lymphomen bei allen histologischen Subtypen Medianwerte des Serumferritins auf, die oberhalb des Normbereiches liegen.

Sowohl in der unbehandelten Gruppe der Patienten mit Non-Hodgkin-Lymphomen als auch im Gesamtkollektiv der Patienten mit malignen Non-Hodgkin-Lymphomen fand sich in der Interkorrelationsanalyse keine Korrelation von Serumferritin mit dem Patientenalter, den Erythrozyten, Hämoglobin, Leukozyten, Thrombozyten, peripherer Lymphozytenzahl oder dem Prozentsatz der lymphatischen Infiltration im Knochenmark (Tabelle 12). Diese Ergebnisse decken sich mit denen anderer Autoren [200], die außerdem noch eine mangelnde Korrelation von Serumferritin mit Serumeisen oder der Transferrinsättigung aufzeigen konnten.

3.3 Chronisch lymphatische Leukämie

Bei 37 unbehandelten Patienten mit chronisch lymphatischer Leukämie lagen nur die Mediane der Serumferritinspiegel des klinischen Stadiums 4 nach Rai et al. [206] oberhalb des Normalbereiches, Mediane der Serumferritinwerte der Stadien I bis III kamen in den Normalbereich zu liegen. Die Serumwerte der Patienten mit Sta-

Tabelle 13. *Serumferritin (ng WHO/ml) in Relation zum Stadium der chronisch lymphatischen Leukämie (n = 37)*

Stadium	I	II	III	IV
Patient	2	12	10	13
Mittelwert	65	55	94	146
Standarddeviation	37	30	42	103
Minimum	39	7	28	9
Maximum	92	113	184	363
Medianer Wert	65	61	96	144[1]

[1] Kruskal-Wallis-Test, p < 0,05.

Tabelle 14. *Serumferritin (ng WHO/ml) in Relation zur Behandlungsbedürftigkeit der chronisch lymphatischen Leukämie*

Therapie	Keine Indikation (I + II)	Indikation (III + IV)
Patienten	14	23
Mittelwert	56	123
Standarddeviation	30	85
Minimum	7	9
Maximum	113	363
Medianer Wert	61	101[1]

[1] Wilcoxon 2 Sample-Test; p < 0,004.

dium IV der chronisch lymphatischen Leukämie unterschieden sich statistisch signifikant (p < 0,05) von denen der Patienten mit Stadium I, II oder III (Tabelle 13).

Aufgegliedert in Gruppen nach der Behandlungsbedürftigkeit der Patienten mit chronisch lymphatischer Leukämie fanden wir signifikant höhere Serumferritinwerte (p < 0,004) bei den behandlungsbedürftigen Patienten (Stadium III und IV) im Vergleich zu den nichtbehandlungsbedürftigen Patienten (Stadium I und II) (Tabelle 14). In der Korrelationsanalyse von Serumferritin mit dem

Tabelle 15. *Korrelationsanalyse (Korrelations-Koeffizient Tau nach Kendall) zwischen Serumferritin und anderen Parametern bei chronisch lymphatischer Leukämie (n = 34)*

	Serumferritin	
Erythrozyten	−0,24	p < 0,05
Hämoglobin	−0,09	
Leukozyten	0,17	
Thrombozyten	−0,20	
Lymphozytenzahl peripher	0,06	
Lymphozytäre Infiltration im Knochenmark (in %)	0,06	
Stadium	0,32	p < 0,02
Leber (in cm)	−0,14	
Milz (in cm)	−0,03	
Alter	0,06	

klinischen Stadium nach Rai fanden wir ebenfalls eine signifikante Korrelation (p < 0,02), sowie eine negative Korrelation (p < 0,05) mit den Erythrozytenwerten. Wir beobachteten keinen Zusammenhang zwischen Serumferritin und Hämoglobin, Leukozyten, Thrombozyten, peripheren Lymphozytenzahlen, Prozentsatz der lymphozytären Infiltration im Knochenmark, Milz-, Lebergröße oder dem Patientenalter (Tabelle 15).

Ferritin oder Subpopulationen von Isoferritinen können eine Rolle in der Regulation des zellulären Wachstums von Lymphozyten spielen [27]. Normale Lymphozyten des menschlichen peripheren Blutes enthalten saure (H-reiche) und basische (L-reiche) Isoferritine in etwa gleicher Menge [114]. Zirkulierende T-Zellen enthalten und synthetisieren größere Mengen von Ferritin (H-reich) als Lymphozyten, die nicht dem T-Zelltyp angehören [192]. In einer rezenten Veröffentlichung konnte gezeigt werden, daß Gewebe mit einem hohen Anteil an T-Zellen (periphere Lymphozyten des Blutes, Thymus, T-Lymphoblasten) nur einen geringen Anteil an basischen (L-reichen) Ferritin enthielten, der sich in den verschiedenen Geweben nicht signifikant unterschied [244]. Die H-reichen, sauren Formen scheinen dagegen vom Proliferationsstatus der T-Zellen beeinflußt zu werden. Die Autoren dieser Studie wiesen nach, daß Thymozyten — als unreife und stark proliferierende Zellen bekannt — 4—6fach höhere Konzentrationen an H-reichen Ferritinen enthielten als T-Zellen des peripheren Blutes. Die Konzentrationen an sauren Isoferritinen von Thymozyten und Zellen lymphoblastischer Lymphome (T- und Non-T-, Non-B) lagen ähnlich hoch.

B-Zell-Lymphome enthielten sowohl höhere Werte an sauren und basischen Isoferritinen als Lymphozyten des peripheren Blutes, wobei die L-reichen Isoferritine dominierten. Nichtmaligne Lymphknoten wiesen höhere Werte beider Isoferritintypen auf, als Lymphozyten des peripheren Blutes.

Aus diesen Untersuchungen kann daher geschlossen werden, daß die immunologische Herkunft, der Reifungsgrad und die anatomische Lokalisation die Expression saurer und basischer Isoferritine der Lymphozyten beeinflußt.

Maligne Non-Hodgkin-Lymphome mit hohem Malignitätsgrad unterscheiden sich durchaus im Proliferationsverhalten und im Reifungsgrad von Lymphomen mit niedriger Malignität. Es wäre nicht ausgeschlossen, daß die signifikante Erhöhung von Serumferritin bei Patienten mit hochmalignen Lymphomen, die natürlich auch im Zusammenhang mit der Tumormasse zu sehen ist, durch diese Faktoren mitbeeinflußt wird. Die von uns erhobenen Befunde bei Patienten mit chronischer lymphatischer Leukämie lassen ebenfalls einen gewissen Zusammenhang zwischen Serumferritin und der Tumormasse erkennen.

4. Akute Leukämie

Von White et al. [254] wurde 1974 erstmalig nachgewiesen, daß leukämische Zellen von Patienten mit akuter myeloischer Leukämie eine abnorm erhöhte Ferritinsynthese aufweisen. Diese Ferritinproduktion ist unabhängig von der Eisenproduktion und wird durch Eisen nicht stimuliert. Andere Autoren konnten mittels Dichtegradientenzentrifugation, isoelektrischer Fokussierung in Polyacrylamidgel und Anionenaustauschchromatographie eine Sedimentation des aus den Myeloblasten gewonnenen Ferritins, ähnlich der des Apoferritins oder eines Ferritins mit niedrigem Eisengehalt, nachweisen [246]. Der Eisengehalt dieses Ferritins betrug maximal 180 Atome pro Molekül; das Verhalten des Ferritins der leukämischen Zellen bezüglich Eisenaufnahme, Analyse der Untereinheiten und immunologischer Reaktivität hatte Ähnlichkeiten mit den Eigenschaften von Gewebsferritinen [247]. Bei gesunden Normalpersonen enthalten innerhalb der Leukozyten, die Monozyten die höchsten Ferritinkonzentrationen [198]. Die höchsten Ferritinkonzentrationen in leukämischen Zellen wurden bei Patienten mit akuter myelomonozytärer (M 4) und akuter Monozytenleukämie (M 5) gefunden [267]. Das Zellferritin der Patienten mit akuter Monozytenleukämie weist einen extrem niedrigen Eisengehalt, eine im Vergleich zu normalem Leberferritin raschere Wanderung in der Immunephorese und in der Polyacrylamid-Diskelektrophorese, sowie überwiegend saure Isoferritine in der isoelektrischen Fokussierung in Polyacrylamidgel auf [267]. Die Antigen-Unterschiede der Isoferritine zwischen den Zellen der akuten Monozytenleukämie und denen der gesunden menschlichen Leber waren jedoch nicht ausreichend, um im Serum eine selektive Quantifizierung der Isoferritine mittels Immunoassay durchführen zu können.

In eigenen Untersuchungen bestimmten wir den Ferritingehalt/Zelle und die Sekretionsrate von Ferritin pro Zelle pro Stunde in normalen Leukozyten und leukämischen Blasten.

Nach Isolierung der leukämischen Blasten wurden diese in einem eisenfreien Medium (RPMI 1640 mit 10% fötalem Kälberserum) bei 37°C bis zu 72 Stunden inkubiert und nach Zentrifugation des leukozytenreichen Plasmas der Überstand zu den Zeitpunkten 0, 24 Stunden, 48 Stunden und 72 Stunden gemessen (Abb. 13).

Der Leukozytenpellet wurde in 0,9%ige Kochsalzlösung suspendiert, dann kryolisiert; nach entsprechender Zentrifugation wurde im erhaltenen Leukozytenextrakt Ferritin radiometrisch gemessen.

Die Werte der fünf gesunden Kontrollpersonen lagen bei

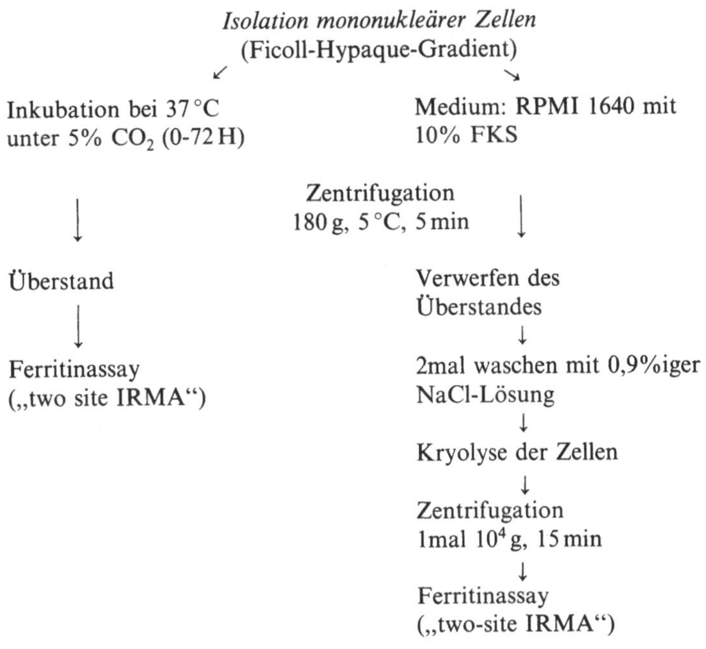

Abb. 13. Methodik zur Bestimmung des zellulären Gehaltes und der Sekretionsrate von Ferritin von leukämischen Blasten

7,8 ± 4,8 fg Ferritin (WHO)/Zelle, dagegen wiesen 14 Patienten mit akuter myeloischer Leukämie signifikant ($p < 0,001$) erhöhte Ferritinwerte/Zelle auf [1,8—286 fg/Zelle; median: 17,4 fg Ferritin (WHO)/Zelle] (Abb. 14). Die höchsten Werte fanden wir bei einer Patientin mit akuter myelomonozytärer Leukämie [286 fg Ferritin (WHO)/Zelle], die auch die höchsten Serumferritinwerte [13 700 ng Ferritin (WHO)/ml] zeigte.

Die Sekretionsrate der Kontrollpersonen betrug $10 ± 2$ fg × 10^{-2} Ferritin (WHO)/Zelle/Stunde, die der leukämischen Blasten 3,6—70,8 fg × 10^{-2} Ferritin (WHO)/Zelle/Stunde, Median 14,5 fg × 10^{-2} Ferritin (WHO)/Zelle/Stunde. Die höchste Sekretionsrate wurde bei einer Patientin mit akuter myelomonozy-

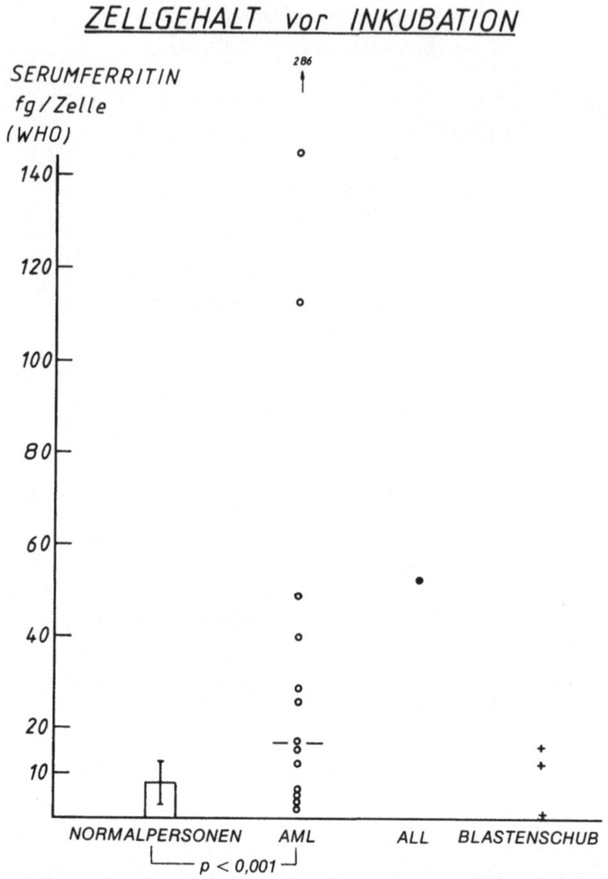

Abb. 14. Vergleich des Ferritingehaltes von Zell-Lysaten leukämischer Blasten mit gesunden Normalpersonen vor Inkubation

tärer Leukämie gemessen [$70,8\,\text{fg} \times 10^{-2}$ Ferritin (WHO)/Zelle/Stunde] (Abb. 15).

Der Gehalt der leukämischen Blasten an Ferritin während verschiedener Zeitpunkte der Inkubation ist in Abb. 16 dargestellt. Der mediane Wert vor Inkubation [$17,4\,\text{fg}$ Ferritin (WHO)/Zelle stieg nach 24 Stunden auf $26\,\text{fg}$ Ferritin (WHO)/Zelle, betrug nach

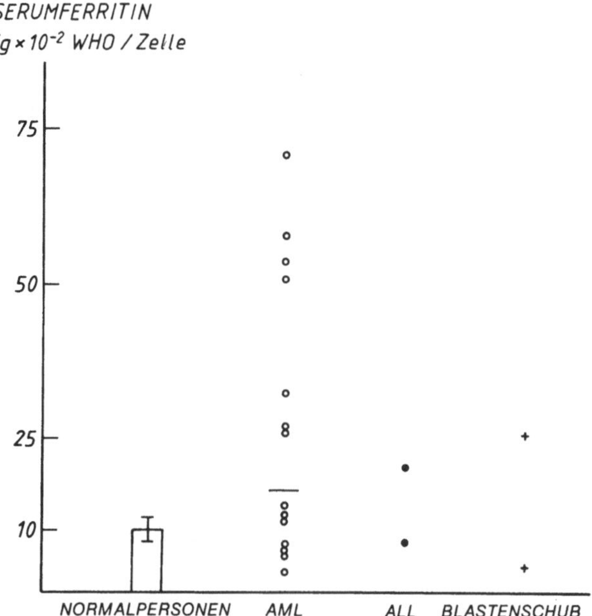

Abb. 15. Vergleich der zellulären Sekretionsrate von Ferritin bei leukämischen Blasten mit gesunden Normalpersonen

48 Stunden 18,5 fg Ferritin (WHO)/Zelle und schließlich nach 72 Stunden 7,8 fg Ferritin (WHO)/Zelle.

Den zeitlichen Verlauf der Ferritinwerte im Überstand während der Inkubation zeigt Abb. 17. Die medianen Werte des Ferritins stiegen kontinuierlich an: von 0 unmittelbar vor Inkubation auf 2 fg Ferritin (WHO)/Zelle nach 24 Stunden, 7,4 fg Ferritin (WHO)/Zelle nach 48 Stunden und schließlich 9 fg Ferritin (WHO)/Zelle nach 72 Stunden.

In der Korrelationsanalyse fanden wir keinen Zusammenhang zwischen der Höhe des Serumferritinwertes und dem Ferritingehalt/Zelle oder der Sekretionsrate/Zelle/h der leukämi-

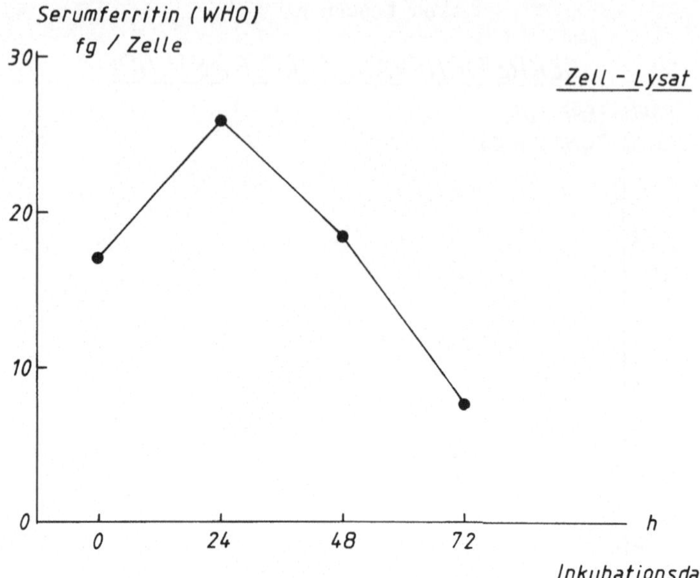

Abb. 16. Mediane Werte des Ferritingehaltes von Zell-Lysaten leukämischer Blasten während der Inkubation (n = 15)

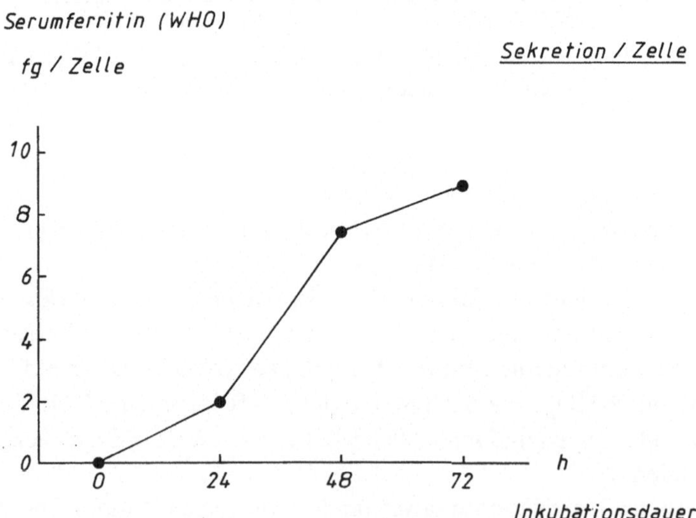

Abb. 17. Mediane Werte des Ferritins im Überstand von leukämischen Blasten während der Inkubation (Sekretionsverhalten, n = 15)

schen Patienten. Ebensowenig korrelierte der Ferritingehalt/Zelle mit dem im Überstand gemessenen Ferritin (Sekretion/Zelle).

Tanako und Kato [271] konnten bei 24 Patienten mit akuter Leukämie mittels Enzym-Immunoassay ebenfalls erhöhte Ferritinwerte in leukämischen Blasten (64,3 ± 38,7 fg/Zelle) finden, wobei Patienten mit akuter Monozytenleukämie die höchsten Ferritinwerte (105 ± 26,6 fg/Zelle) aufwiesen.

4.1 Akute lymphatische Leukämie

Sowohl die Ferritinkonzentrationen in leukämischen Blasten (ca. 3fache Erhöhung), als auch die Serumferritinwerte von Patienten mit akuter lymphatischer Leukämie zeigten sich gegenüber gesunden Kontrollpersonen signifikant erhöht. Im Vergleich zu Patienten mit akuter myeloischer Leukämie, die durchschnittlich eine 7- bis 10fache Erhöhung der Serumferritinwerte sowie der Ferritinkonzentrationen pro Zelle aufweisen, lagen aber die Serumferritinwerte bei Patienten mit akuter lymphatischer Leukämie signifikant niedriger [236]. Unsere eigenen Untersuchungen bei sieben Patienten mit akuter lymphatischer Leukämie (Alter 15—66 Jahre, median: 28 Jahre) erbrachten Serumferritinwerte zwischen 114 bis 1960 ng WHO/ml Ferritin [median: 375 ng Ferritin (WHO)/ml] (Abb. 18). In der Korrelationsanalyse von Serumferritin mit dem Alter, Erythrozyten, Hämoglobin, Leukozyten, Thrombozyten, Serumeisen, Blutsenkungsgeschwindigkeit, Laktatdehydrogenase, Prozentsatz der Blasten im Knochenmark, Prozentsatz der Blasten im peripheren Blut, sowie den einzelnen Zellfraktionen des Differentialblutbildes der Leukozyten fanden wir bei den Patienten mit akuter lymphatischer Leukämie keinerlei statistischen Zusammenhang.

Bei 30 Kindern mit akuter lymphoblastischer Leukämie wurden im Rahmen von klinischen Verlaufskontrollen Serumferritinwerte über einen Zeitraum von 17 Monaten sequentiell bestimmt. Jene Kinder, die eine primäre Vollremission erreichten, ließen nach dreimonatiger Therapie ein Absinken des Serumferritins von prä-

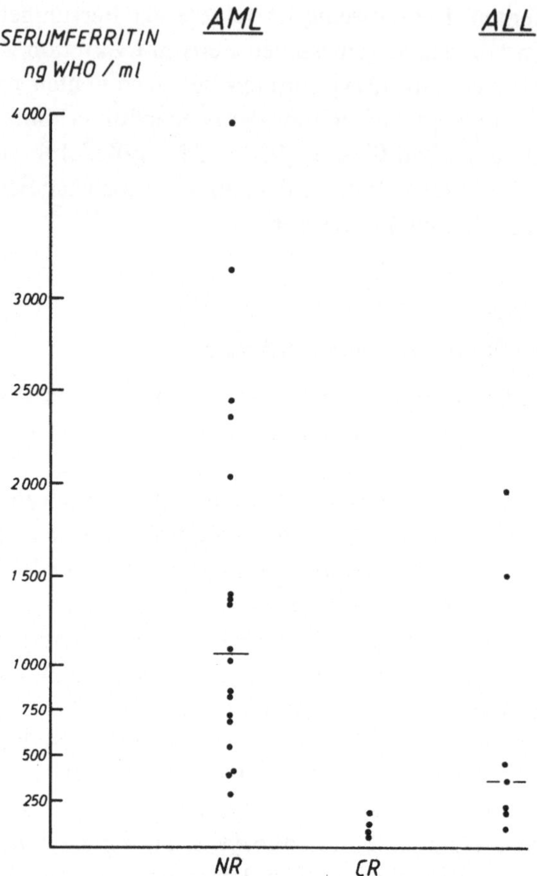

Abb. 18. Serumferritinwerte bei Patienten mit akuter lymphatischer Leukämie und akuter myeloischer Leukämie

therapeutisch 265 µg/l auf 161 µg/l erkennen [126]. Ein hoher
Serumferritinspiegel konnte eine gesteigerte Aktivität der akuten
lymphatischen Leukämie signalisieren, ein normaler Serumferritinwert schloß in dieser Studie jedoch ein Rezidiv nicht mit Sicherheit
aus.

In Abb. 19 sind Verlaufskurven von Serumferritin und der
Leukozyten eines Patienten mit akuter lymphatischer Leukämie

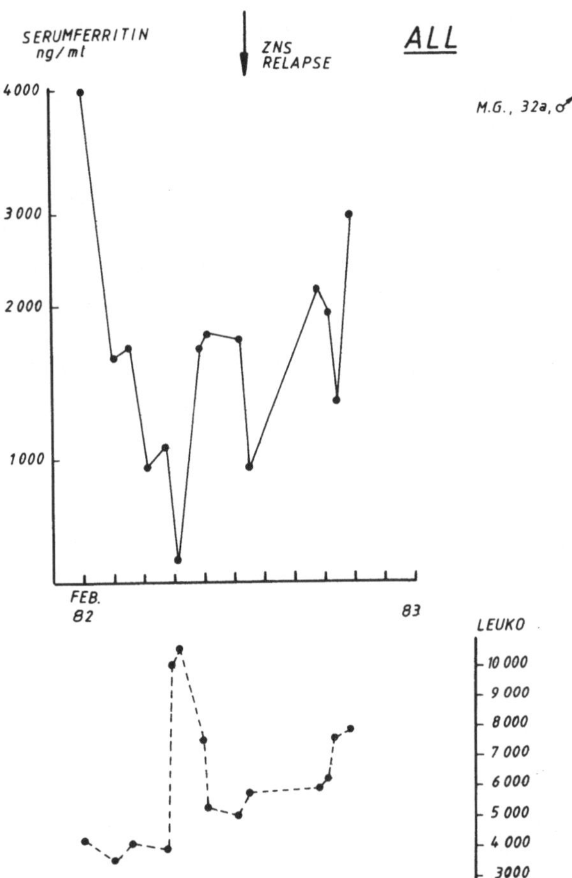

Abb. 19. Zeitlicher Verlauf von Serumferritin und Leukozyten bei einem Patienten mit akuter lymphatischer Leukämie. In Vollremission Absinken der Serumferritinwerte in den Normalbereich, dann Anstieg der Serumferritinwerte 8 Wochen vor klinisch erkennbarem ZNS-Rezidiv

über einen Zeitraum von zwölf Monaten dargestellt. Nach Erreichen der Vollremission konnten wir ein kontinuierliches Absinken des Serumferritinspiegels in den Normalbereich beobachten. Dann folgte ein plötzlicher Anstieg des Serumferritins mit persistierender, stark erhöhter Hyperferritinämie.

Acht Wochen nach diesem Ferritinanstieg wurde ein ZNS-Rezidiv der akuten lymphatischen Leukämie klinisch manifest. Diese im Einzelfall für den Patienten klinisch nützliche Beobachtung kann aber nicht als allgemein gültige Tatsache angesehen werden. So konnte in einer prospektiven Studie bei Patienten mit akuter lymphatischer Leukämie kein Zusammenhang zwischen der Serumferritinkonzentration innerhalb der ersten sechs Monate einer Vollremission und der Dauer der Remission oder der Voraussage eines Rezidivs gefunden werden [199]. Andere Autoren demonstrierten bei Kindern mit akuter lymphatischer Leukämie das signifikante Absinken der Serumferritinwerte in der Vollremission gegenüber den prätherapeutischen Ausgangswerten sowie die klinische Nützlichkeit der Serumferritinbestimmung in der Beurteilung der Krankheitsaktivität der akuten lymphatischen Leukämie [129, 231]. Von sieben Kindern mit akuter lymphatischer Leukämie in Vollremission erlitten jene drei mit den durchschnittlich höchsten Serumferritinwerten ein Rezidiv, während die vier anderen Kinder mit den niedrigen Ferritinwerten in Vollremission verblieben [231].

4.2 Akute myeloische Leukämie

Stark erhöhte Serumferritinwerte bei Patienten mit akuter myeloischer Leukämie wurden in 76 bis 100% der Fälle beschrieben [151, 241, 266, 268]. Mehrere Arbeitsgruppen berichten unabhängig voneinander, daß Patienten mit akuter myelomonozytärer und akuter monozytärer Leukämie die absolut höchsten Serumferritinwerte zeigen [236, 246, 267], bevor die Patienten noch Blutkonserven erhalten hatten. Die Serumferritinwerte unserer Patienten lagen zwischen 290 bis 3967 ng Ferritin (WHO/ml) [median: 1071 ng Ferritin (WHO)/ml] (Abb. 18). In Übereinstimmung mit der Literatur beobachteten wir die höchsten Serumferritinwerte bei Patienten mit akuter myeolomonozytärer Leukämie. Eine Patientin mit akuter myeolomonozytärer Leukämie stieg während des 4. Rezidivs der Grundkrankheit auf einen Wert von 13 700 ng Ferritin (WHO/ml) an. Patienten mit akuter myeloischer Leukämie in kontinuierlicher kompletter Remission wiesen einen Abfall des Serumferritins auf 35 ± 131 ng Ferritin (WHO/ml) auf.

In der Korrelationsanalyse der Patienten mit akuter myeloischer Leukämie fanden wir keinen signifikanten Zusammenhang zwischen Serumferritin und dem Alter, Leukozyten, Thrombozyten, Erythrozyten, Hämoglobin, Serumeisen, Blutsenkungsgeschwindigkeit, Serumlaktatdehydrogenase, morphologischen Subtyp, Prozentsatz der Blasten im peripheren Blut oder Prozentsatz der Blasten im Knochenmark.

Da Monozyten aus dem peripheren Normalblut mehr Ferritin pro Zelle enthalten als Lymphozyten oder Granulozyten [235], könnte diese Tatsache als Erklärung dafür dienen, daß gerade Patienten mit akuter myelomonozytärer Leukämie sowohl in den leukämischen Blasten als auch im Serum die höchsten Serumferritinwerte aufweisen.

Patienten mit akuter myeloischer Leukämie zeigten in voller Remission ein kontinuierliches Absinken der Serumferritinwerte von 1905 ± 192 ng/ml während der ersten sechs Monate auf 550 ± 32 ng/ml nach 7—12monatiger Remissionsdauer [264]. Langzeitüberleber mit akuter myeloischer Leukämie boten einen Abfall des Serumferritins in den Normalbereich [197, 268].

Daraus kann geschlossen werden, daß Patienten mit akuter myeloischer Leukämie in Vollremission mit kontinuierlicher persistierender, stark erhöhter Hyperferritinämie einer Erhaltungstherapie bedürfen [197].

5. Chronisch myeloische Leukämie

Bei Patienten mit chronisch myeloischer Leukämie eignet sich die Serumferritinbestimmung zur Charakterisierung der Krankheitsaktivität. Während der chronischen Phase der chronisch myeloischen Leukämie liegen die Serumferritinwerte innerhalb der Norm [68] oder sind nur leicht erhöht [69]. In der akzelerierten Phase der chronisch myeloischen Leukämie ist ein signifikantes Ansteigen der Serumferritinwerte zu beobachten (73% der Patienten liegen über

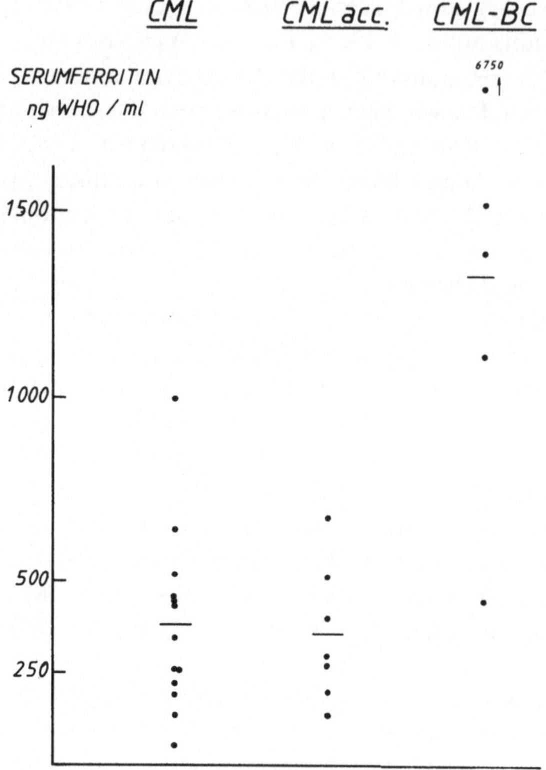

Abb. 20. Serumferritin bei Patienten mit chronisch myeloischer Leukämie
(n = 25). *CML* chronische Phase, *CMLACC* akzelerierte Phase,
CML-BC Blastenschub

der Norm), nach Transformation in einen Blastenschub der chronisch myeloischen Leukämie fand sich eine exzessive Hyperferritinämie [69].

Unsere eigenen Ergebnisse bei 25 Patienten mit chronisch myeloischer Leukämie (13 Patienten in der chronischen Phase, 7 Patienten in der akzelerierten Phase und 5 Patienten im Blastenschub) sind in Abb. 20 dargestellt. Patienten mit akzelerierter Phase der chronisch myeloischen Leukämie mußten eines der folgenden Kriterien erfüllen:

1. Mehr als 10% Blasten im Blut und/oder Knochenmark.

2. Mehr als 20% Blasten und Promyelozyten im Blut und/oder Knochenmark.

3. Mehr als 20% Basophile und Eosinophile im Differentialblutbild.

Patienten mit Blastentransformation der chronischen myeloischen Leukämie mußten eines der folgenden Kriterien erfüllen:

1. Mehr als 20% Blasten im Blut und/oder Knochenmark.

2. Mehr als 30% Blasten und Promyelozyten im Blut und/oder Knochenmark.

Die Serumferritinwerte betrugen in der chronischen Phase der chronisch myeloischen Leukämie 385 ± 250 ng Ferritin (WHO)/ml, in der akzelerierten Phase 361 ± 188 ng Ferritin (WHO)/ml und exazerbierten bei den Patienten mit Blastentransformation der chronisch myeloischen Leukämie auf Werte von 210 bis 6750 ng Ferritin (WHO)/ml [median: 1330 ng Ferritin (WHO)/ml].

Die Korrelationsanalyse der Patienten mit chronisch myeloischer Leukämie in der chronischen Phase ergab eine signifikante Korrelation von Serumferritin mit der Serumlaktatdehydrogenase (Kendall-Tau-Korrelationskoeffizient: 0,611; p < 0,02). Keine Korrelation fanden wir in dieser Gruppe zwischen Serumferritin und dem Alter, Erythrozyten, Hämoglobin, Leukozyten, Thrombozyten, Serumeisen, Blutsenkungsgeschwindigkeit, Prozentsatz der Blasten im peripheren Blut und Parametern des Differentialblutbildes.

In der Verlaufskontrolle von Patienten mit chronisch myeloischer Leukämie (Abb. 21 und Abb. 22) scheint der Anstieg der Serumferritinwerte dem Anstieg der Leukozyten um einige Wochen voranzugehen. Nach Einsetzen der Therapie (Busulfan, Radiogold) konnten wir einen parallel verlaufenden Abfall von Serumferritin und den Leukozyten beobachten.

Eine französische Arbeitsgruppe führte ferrokinetische Untersuchungen bei Patienten mit chronisch myeloischer Leukämie durch. Aus drei Untergruppen, die gemäß den erythrokinetischen Daten gebildet wurden, schlossen die Autoren, daß Serumferritin von der Qualität der Erythropoese abhängt und auch beim Blasten-

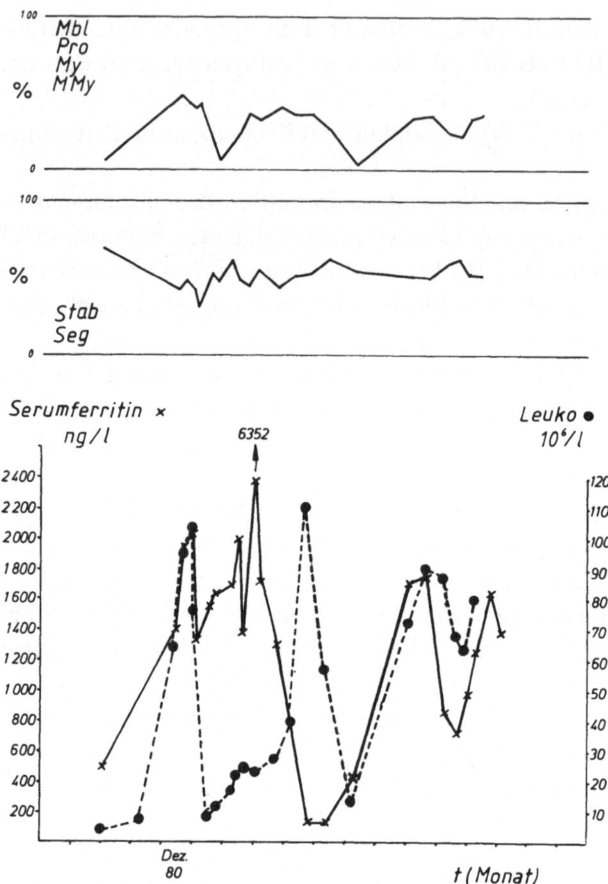

Abb. 21. Zeitlicher Verlauf von Serumferritin, Leukozyten und Parametern des Differentialblutbildes bei einem Patienten mit chronisch myeloischer Leukämie über einen Zeitraum von 14 Monaten

schub der chronisch myeloischen Leukämie kein Zusammenhang mit den Leukämischen Blasten bestünde [58].

Unsere eigenen Untersuchungen konnten aber klar zeigen, daß leukämische Blasten der Patienten mit Blastentransformation der chronisch myeloischen Leukämie sowohl erhöhte Ferritinwerte pro

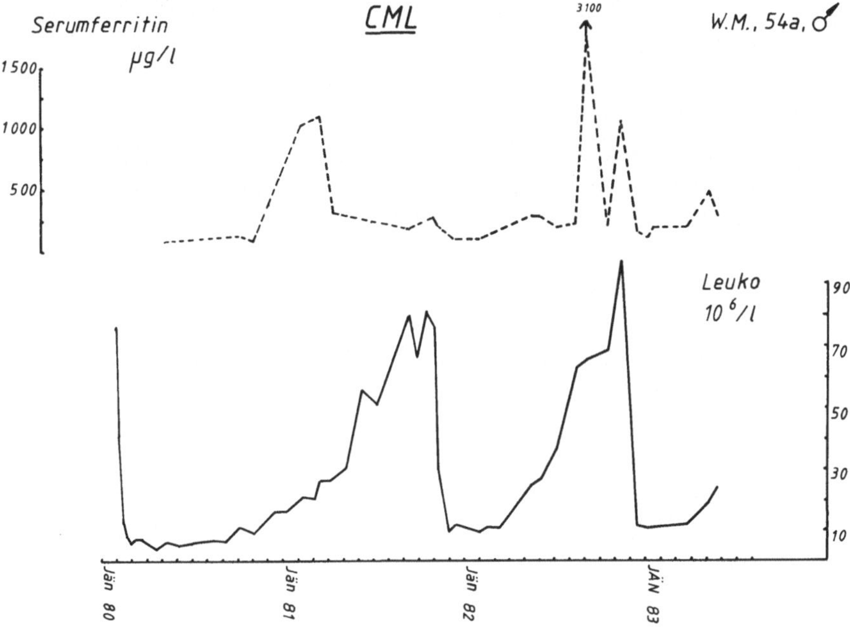

Abb. 22. Zeitlicher Verlauf der Serumferritinwerte und der Leukozyten über einen Zeitraum von 40 Monaten bei einem Patienten mit chronisch myeloischer Leukämie

Zelle als auch eine gesteigerte Sekretionsrate von Ferritin pro Zelle pro Stunde aufweisen können.

6. Multiples Myelom

Bei etwa 93% der Patienten mit multiplem Myelom wird ein tumorassoziiertes, spezifisches Protein gefunden, das von Myelom-Zellen produziert wird und dessen Serumkonzentration über einen weiten Bereich mit der Tumorgröße korreliert. Diese quantitative Beziehung kann jedoch bei verschiedenen Veränderungen, wie Entdifferenzierung der Tumorzellen, Verschiebung des Plasma-volumens, Wechsel des Paraproteintyps signifikant beeinträchtigt werden.

Es ist daher beim multiplen Myelom durchaus von klinischem Interesse, über zusätzliche Markerproteine zu verfügen, die Rückschlüsse auf das Tumorverhalten erlauben.

In einer eigenen Studie bei 96 Patienten mit klinisch eindeutig verifizierten multiplem Myelom (37 bis 82 Jahre — median: 68,5 Jahre) untersuchten wir das Verhalten von Serumferritin im Zusammenhang mit dem Oberflächenmarker Beta-2-Mikroglobulin und anderen klinisch relevanten Parametern beim multiplen Myelom [150, 154]. 44 Patienten wiesen ein IgG-, 12 Patienten ein IgA- und 20 Fälle ein Leichtkettenmyelom auf.

Die Konzentration der Serum-M-Komponente wurde durch Multiplikation des gemessenen Anteils der M-Komponente der Gesamtfläche unter der Eiweiß-Elektrophoresekurve mit der Serumproteinkonzentration berechnet. Serum-Kalzium und Serum-Kreatinin wurden im Autoanalyser (Technikon) bestimmt. In nach May-Grünwald-Giemsa gefärbten Ausstrichpräparaten wurde der Prozentsatz der Plasmazellen im Knochenmark ermittelt. Die Tumormasse des Myeloms wurde nach den von Durie und Salmon angegebenen Kriterien [56] errechnet.

In Abb. 23 sind die logarithmustransformierten Serumferritinkonzentrationen der Patienten mit multiplem Myelom im Vergleich zu den Serumferritinwerten gesunder Kontrollpersonen dargestellt. 56,6% der Patienten mit multiplem Myelom wiesen höhere Serumferritinwerte auf, als die der 90% Perzentile entsprechenden Werte der gesunden Kontrollpersonen.

Der mediane Wert (353 ng/ml) der Serumferritinkonzentrationen der Patienten mit multiplem Myelom zeigte im Vergleich zu den Werten der gesunden Kontrollgruppe (median: 193 ng/ml) eine hochsignifikante ($P < 10^{-7}$) Erhöhung.

Die Analyse der Serumferritinwerte ergab keine signifikanten Unterschiede bei Patienten mit verschiedenen Paraproteintypen. Alle drei Patienten mit nichtsezernierendem bzw. nichtproduzierendem Myelom hatten eine signifikante Erhöhung von sowohl Serumferritin als auch Beta-2-Mikroglobulin aufzuweisen. Die Ergebnisse der Korrelationsanalysen sind in Abb. 24 zusammengestellt. Serumferritin zeigt eine signifikante Korrelation mit dem

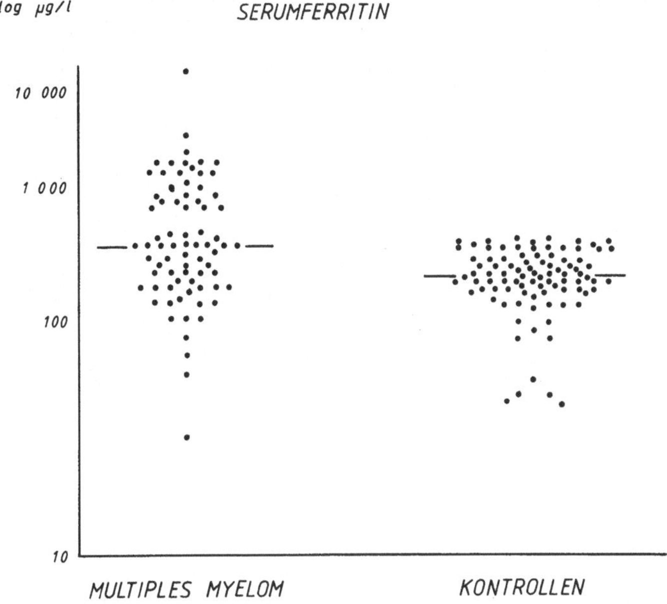

Abb. 23. Logarithmus-transformierte Serumferritinwerte von Patienten mit multiplem Myelom (n = 96) im Vergleich zu den Serumferritinwerten gesunder Kontrollpersonen.
[Aus Linkesch W, Ludwig H (1983) Cancer Detection and Prevention]

Oberflächenmarker Beta-2-Mikroglobulin (P < 0,01), der Tumormasse pro m^2 (P < 0,01) und dem Serumkreatinin (P < 0,01), während Beta-2-Mikroglobulin einen signifikanten Zusammenhang mit Tumormasse pro m^2 (P < 0,01), mit dem Prozentsatz der Plasmazellen im Knochenmark (P < 0,05), dem Agglutinintiter (P < 0,01), dem Serumkreatinin (P < 0,01), dem Hämoglobin (P < 0,01) sowie dem Alter (P < 0,05) zeigte. Vor unseren Untersuchungen war nur ganz vereinzelt bei wenigen Fällen auf eine Erhöhung von Serumferritin bei Patienten mit multiplem Myelom hingewiesen worden [92, 143].

Interessant erscheint die signifikante Korrelation beider Markerproteine mit der Tumorzellmasse pro m^2, obwohl sich beide Proteine stark unterscheiden. Serumferritin stellt ein zytoplasmati-

	β_2-Mikroglobulin	Serumferritin
Alter	r = 0,26 p < 0,05	N.S.
Hb	r = 0,36 p < 0,01	N.S.
S-Kreatinin	r = 0,558 p < 0,01	r = 0,41 p < 0,01
Agglutinintiter	r = —0,43 p < 0,01	N.S.
Tumormasse/m^2	r = 0,41 p < 0,01	r = 0,31 p < 0,01
% Plasmazellen in KM	r = 0,31 p < 0,05	N.S.
Serum-M-Komponente	N.S.	N.S.
Serumkalzium	N.S.	N.S.
β_2M	—	r = 0,43 p < 0,01

Abb. 24. Korrelationsanalyse zwischen den Markerproteinen Serumferritin und β-2-Mikroglobulin und klinisch wichtigen Parametern beim multiplen Myelom.
[Aus Linkesch W, Ludwig H (1983) Cancer Detect Prevent]

sches Protein mit hohem Molekulargewicht (440 000) dar, während das nierengängige Beta-2-Mikroglobulin als wesentlicher Bestandteil des an der Zellmembran lokalisierten HLA-Molekülkomplexes ein niedriges Molekulargewicht (15 000) aufweist. Weiters korrelierten beide Proteine signifikant mit der Serumkonzentration des Kreatinins, das allgemein als wichtigster Prognosefaktor beim multiplen Myelom angesehen wird [110]. Da Patienten mit Bence-Jones Proteinurie eine eingeschränkte tubuläre Funktionskapazität aufweisen und eine Abhängigkeit der Serumkonzentration von Beta-2-Mikroglobulin von der renalen Clearance besteht, wurden bei unseren Untersuchungen eine statistische Korrektur für die

Abhängigkeit von Beta-2-Mikroglobulin von der Nierenfunktion durchgeführt. Die Serumferritinkonzentrationen sind von der Nierenfunktion völlig unbeeinflußt, trotzdem korrelierten beide Markerproteine miteinander und beide mit der Tumormasse pro m^2.

Vor allem bei Patienten mit multiplem Myelom, die aufgrund ihres Paraproteintyps oder der Sekretionsleistung in ihrem Tumorverhalten nur schwer oder gar nicht beurteilt werden können, scheint die Serumferritinbestimmung von klinischer Nützlichkeit zu sein. Besonders für Patienten mit Leichtkettenmyelomen, deren Anteil in unserem Patientenkollektiv bei 20% lag, trifft dies zu. Bei diesen Patienten ist die Ermittlung der Tumormasse pro m^2 nach der von Durie und Salmon angegebenen Methode [56] nur schätzungsweise möglich. Später beschriebene, exaktere Methoden [57] erfordern aufwendige, komplexe In-vitro-Analysen, was einer breiteren Anwendung im klinischen Routinebetrieb entgegensteht. Bei Patienten mit Leichtkettenmyelomen könnte die periodische Bestimmung von Serumferritin eventuell in Kombination mit Beta-2-Mikroglobulin Veränderungen der Tumormasse anzeigen. Weiters könnte der Krankheitsverlauf von Patienten mit nichtsezernierenden oder nichtproduzierenden Plasmazellen, sowie von Patienten mit biklonalen Gammapathien oder mit IgE und/oder IgD Paraproteinen mit der Bestimmung von Serumferritin besser verfolgt werden.

Serumferritin könnte einerseits direkt von Tumorzellen des malignen Plasmazellklons produziert und sezerniert werden. Dafür gibt es aber derzeit keine konkreten Nachweise. In In-vitro-Experimenten waren wir nicht in der Lage, signifikante Ferritinkonzentrationen in Überständen und/oder Zell-Lysaten von humanen oder Mäusemyelomzellinien nachzuweisen. Andererseits wäre eine vermehrte Freisetzung von Serumferritin bei multiplen Myelom durch gesteigerte Stimulation und Synthese des retikuloendothelialen Systems durchaus möglich.

7. Malignes Melanom

Das maligne Melanom gilt als prognostisch ungünstiger Tumor mit
besonderer Neigung zu einer klinisch frühzeitig kaum erfaßbaren
Mikrometastasierung. Indikatoren, die eine über die regionale
Lymphknotenstation hinausgehende Tumoraussaat anzeigen können, sind daher beim malignen Melanom von besonderer Bedeutung.

1979 konnten wir in einer gemeinsamen Studie mit der II.
Universitäts-Hautklinik in Wien erstmalig zeigen, daß Serumferritin in der Stadienerfassung des malignen Melanoms erfolgreich
eingesetzt werden kann [145]. In die Untersuchung wurden 55
Patienten mit malignem Melanom einbezogen, die klinische Klassi-
fizierung der Melanom-Stadien erfolgte gemäß der Tumorausbrei-
tung:

Stadium 1:   Primär-Tumor.
Stadium 2 a: Primär-Tumor mit regionärer Lymphknoten-
                 Metastasierung.
Stadium 2 b: Regionäre Lymphknoten-Metastasen.
Stadium 3:   Fern-Metastasen.

Wie in Abb. 25 dargestellt, unterscheiden sich Patienten im
Stadium 3 hochsignifikant (P < 0,005) von solchen im Stadium 1
und Stadium 2 sowie von den normalen Kontrollpersonen. Nur ein
Patient im Stadium 3, der klinisch eine Vollremission aufwies, zeigte
einen Serumferritinwert im Normbereich, alle anderen Patienten im
Stadium 3 hatten erhöhte Serumferritinwerte. Die Serumferritinspiegel der Patienten mit Stadium 2 lagen gegenüber denen im
Stadium 1 zwar signifikant höher (P < 0,01), gegenüber den
gesunden Kontrollpersonen bestand jedoch kein signifikanter Unterschied.

In der Interkorrelationsanalyse konnten wir in keinem der
Stadien des malignen Melanoms eine statistisch gesicherte Korrelation zwischen Serumferritin und der Blutsenkungsgeschwindigkeit,
den Erythrozyten und dem Serumeisen finden.

Bezüglich der Serumeisenwerte wiesen Patienten im Stadium 1
oder Stadium 2 des malignen Melanoms keinen signifikanten

FERRITINSPIEGEL IM SERUM VON PATIENTEN MIT MALIGNEM MELANOM:

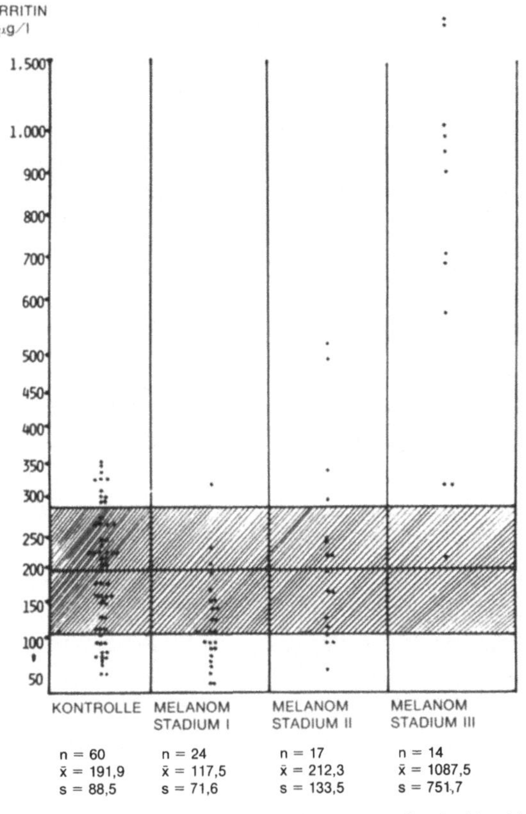

Abb. 25. Serumferritinwerte (mediane) von Patienten mit verschiedenen Stadien des malignen Melanoms im Vergleich zu gesunden Kontrollpersonen.

[Aus Linkesch W, Luger T, Kokoschka E (1979) Acta Med Austr]

Unterschied gegenüber gesunden Kontrollpersonen auf. Dagegen zeigten die Serumeisenwerte im Stadium 3 gegenüber den Kontrollen signifikant verminderte (P < 0,01) Serumeisenspiegel.

Sämtliche Stadien des malignen Melanoms wiesen eine signifikante Erhöhung (P < 0,01) des Serumkupferspiegels gegenüber den

Kontrollen auf, wobei aber zwischen den einzelnen Stadien keine Unterschiede gefunden werden konnten. Im Verhalten der Werte der Serumlaktatdehydrogenase konnten wir weder zwischen den einzelnen Stadien des malignen Melanoms noch gegenüber der gesunden Kontrollgruppe Unterschiede finden.

In einer Folgestudie führten wir dann weitere Untersuchungen gemeinsam mit der II. Universitäts-Hautklinik in Wien durch, deren Schwerpunkt in der Beurteilung der klinischen Aussagekraft des Serumferritinspiegels während des Krankheitsverlaufes des malignen Melanoms lag [159]. Insgesamt wurden 91 Patienten in verschiedenen Stadien eines histologisch gesicherten malignen Melanoms in die Beurteilung einbezogen. Bei 10 Patienten im Stadium 1 und bei 22 Patienten im Stadium 2 und Stadium 3 wurden über einen Zeitraum von 18 Monaten sequentiell Serumferritin-Bestimmungen durchgeführt. Alle Patienten waren zum Zeitpunkt des Beginns der Studie noch unbehandelt oder hatten die letzte Therapie vor mindestens sechs Monaten erhalten. In die Studie wurden Patienten mit Lebererkrankungen nach Gabe von Blutkon-serven oder nach einer Eisenmedikation nicht inkludiert. Alle Patienten mit malignem Melanom im Stadium 1 erhielten eine Immuntherapie mit BCG, Patienten im Stadium 2 und Stadium 3 erhielten entweder eine Immuntherapie mit BCG oder eine Chemo-therapie mit MeCCNU (Nitrosurea).

In Abb. 26 ist der Verlauf der Medianwerte von Serumferritin bei 10 Patienten des malignen Melanoms im Stadium 1, die nach chirurgischer Entfernung des Primärtumors eine Immuntherapie mit BCG peroral erhalten hatten, dargestellt.

Während des gesamten beobachteten Krankheitsverlaufes lagen bei allen Patienten sämtliche Serumferritinwerte zur Gänze im Normbereich.

Die Medianwerte von 13 Patienten (11 Frauen, 2 Männer) im Stadium 2 und Stadium 3 ohne progressiven Krankheitsverlauf sind in Abb. 27 aufgelistet. 6 Patienten erhielten eine Immuntherapie mittels Skarifizierung mit BCG und 7 Patienten eine Chemotherapie mit MeCCNU (Nitrosurea).

Bei diesen Patienten lagen ebenfalls während des gesamten

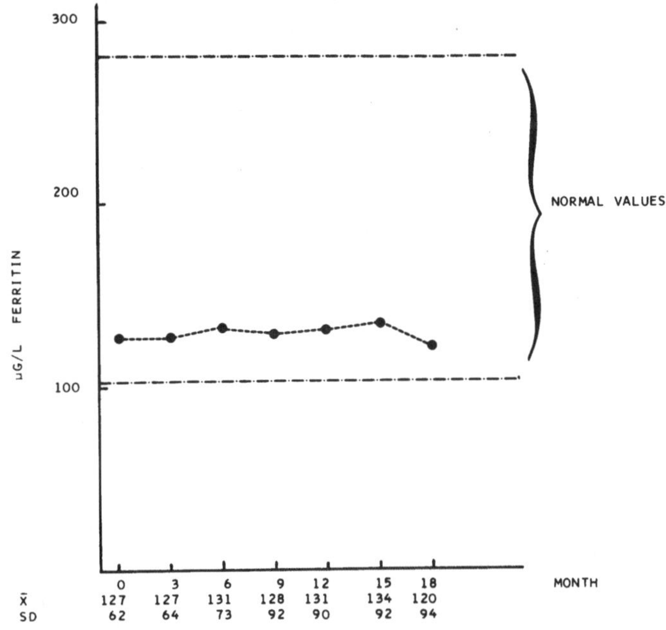

Abb. 26. Verlauf der Serumferritinwerte (mediane) bei Patienten mit malignen Melanom im Stadium I und stationärem Verlauf (n = 10). [Aus Luger T, Linkesch W, et al (1983) Oncology]

beobachteten Krankheitsverlaufes sämtliche Serumferritinwerte im Normbereich. Beachtenswert scheint dagegen das Verhalten von Serumferritin bei 9 Patienten (2 Frauen, 7 Männer) mit malignem Melanom im Stadium 3 mit progressiven Krankheitsverlauf und zunehmender Tumoraussaat. Wie in Abb. 28 dargestellt, konnten wir korrelierend mit dem Grad der Dissemination des malignen Melanoms einen kontinuierlichen Anstieg der initial bereits erhöhten Serumferritinwerte beobachten.

Aus diesen Ergebnissen kann geschlossen werden, daß die Bestimmung von Serumferritin bei Patienten mit malignem Melanom für die Frühentdeckung von Metastasen, für die Rezidiverkennung und für die Beurteilung des Ansprechens auf eine Therapie

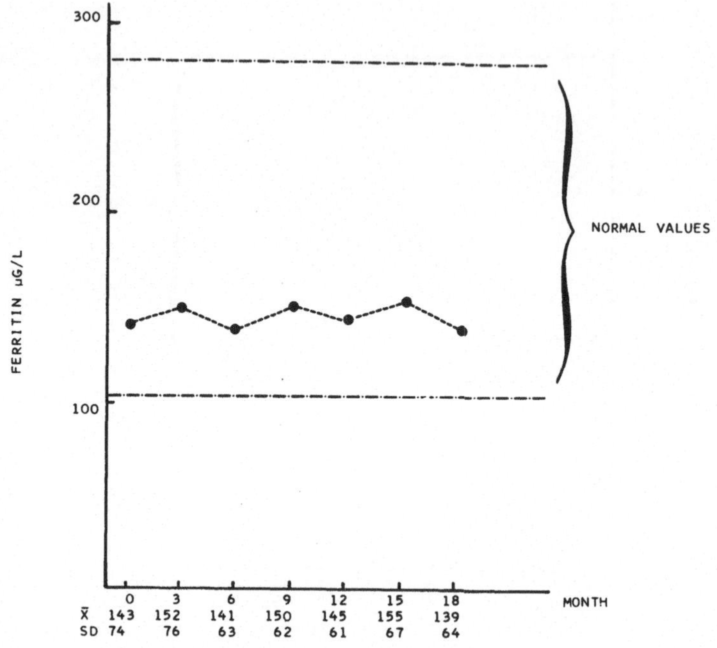

Abb. 27. Verlauf der Serumferritinwerte (mediane) von Patienten mit malignem Melanom in den Stadien II und III mit stationärem Verlauf (n = 13).
[Aus Luger T, Linkesch W, et al (1983) Oncology]

von klinischem Nutzen sein kann. Diese Ansicht wird auch durch zwei Beobachtungen von Patienten mit malignem Melanom im Stadium 3 mit multiplen kutanen Metastasen, die Chemotherapie mit MeCCNU und eine lokale adjuvante Immuntherapie mit BCG und Recall-Antigenen erhalten hatten, insofern unterstützt, als diese Patienten korrelierend mit der Stagnation der Krankheit Serumferritinspiegel innerhalb des Normalbereiches aufwiesen.

Eine verminderte Anzahl von T-Zellen und eine Störung der zellmediierten Immunität wurde bei Patienten mit malignem Melanom in Relation zum Stadium der Krankheit beschrieben [31, 125, 182].

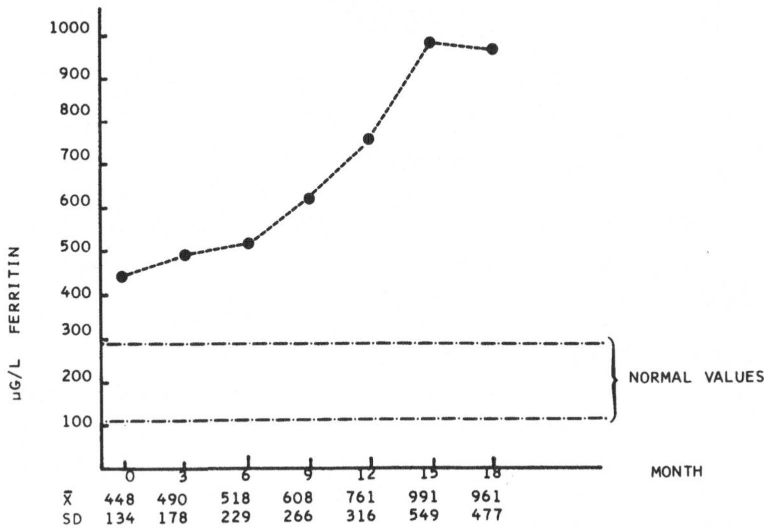

Abb. 28. Zeitlicher Verlauf der Serumferritinspiegel (Mediane) von Patienten mit malignem Melanom Stadium III und progressivem Krankheitsverlauf (n = 9).
[Aus Luger T, Linkesch W, et al (1983) Oncology]

Eine Subpopulation ferritinbeladener T-Lymphozyten, wie beim Morbus Hodgkin oder Mammakarzinom demonstriert [178, 179], wurde aber bisher bei Patienten mit malignem Melanom noch nicht gefunden. Die normale Lymphozytenfunktion kann in vitro durch Ferritin supprimiert werden und dieser supprimierende Effekt betrifft hauptsächlich die T-Zell-Population [29, 163]. Weitere Untersuchungen werden zeigen müssen, ob die mögliche Anwesenheit tumorspezifischer ferritinbeladener Lymphozyten als Indikator für die Störung der zellmediierten Immunität bei Patienten mit malignem Melanom herangezogen werden kann.

8. Mammakarzinom

Erhöhte Serumferritinwerte bei unbehandelten und behandelten Patienten mit Mammakarzinom wurden von mehreren Autoren beschrieben [17, 43, 105, 161, 237]. In unserem eigenen Krankengut fanden wir bei den unbehandelten Patientinnen Serumferritinerhöhungen in 47%, bei den behandelten Patientinnen in 67% der Fälle. Daver et al. [220] berichten von Serumferritinerhöhungen bei 39/72 Patientinnen (= 57%). Diese Autoren fanden bei Patientinnen mit Brustkrebs, bei denen mehr als drei Lymphknoten befallen oder mehr als 50% der Lymphknoten infiltriert waren, stets höhere als normale Ferritinkonzentrationen, dagegen bei Patientinnen, bei denen weniger als drei Lymphknoten oder weniger als 50% der Lymphknoten befallen waren, niedrigere Serumferritinwerte als bei Normalpersonen. In einem Beobachtungszeitraum von 2 bis 7 Jahren wiesen alle Patientinnen mit Lokalrezidiven oder Fernmetastasen erhöhte Serumferritinwerte auf (durchschnittlich dreifacher Normalwert). Die höchsten Serumferritinwerte wurden in dieser Studie bei Patientinnen mit genereller Metastasierung gefunden. Im Initialstadium bestand eine Beziehung zwischen Serumferritin und der Ausdehnung der Metastasierung.

Bei 45 postmenopausalen Patientinnen mit Brustkrebs wurden die Konzentrationen von Serumferritin und β-HCG gemessen [171]. Patientinnen mit regionalem Lymphknotenbefall wiesen im Vergleich zu solchen ohne Lymphknotenbefall signifikant höhere Serumferritinwerte auf. Im Vergleich von Patientinnen ohne Fernmetastasierung gegenüber Patientinnen mit nachgewiesener Fernmetastasierung wiesen letztere eine progressive Serumferritinerhöhung auf, die Serumferritinspiegel standen aber in keiner Beziehung zur ursprünglichen Tumorgröße. Die Serumwerte von β-HCG standen in keiner Beziehung zum klinischen TNM-Stadium des Mammakarzinoms.

Von klinischer Bedeutung ist das Auftreten einer transienten Hyperferritinämie unmittelbar postoperativ nach Mastektomie [237]. In unseren eigenen Ergebnissen wurde diese passagere Ferritinerhöhung, die sehr häufig nach operativen Eingriffen zu beobachten ist, berücksichtigt.

Es sind bei der Auswertung unserer Ergebnisse nur Werte von Patienten präoperativ, 4—6 Wochen postoperativ, ohne Bluttransfusionen und 4—6 Wochen nach Applikation einer Strahlen-

Tabelle 16. *Korrelationsanalyse (Kendallscher Korrelationskoeffizient Tau)*
zwischen Serumferritin und klinisch relevanten Parametern beim Mamma-
karzinom (n = 62)

Patienten	Unbehandelt 31	Behandelt 31	Gesamt 62
Erythrozyten	$-0{,}43^2$	$-0{,}39^1$	$-0{,}42^3$
Hämoglobin	$-0{,}49^2$	$-0{,}54^2$	$-0{,}52^3$
Leukozyten	0,27	0,17	0,18
Serumeisen	$-0{,}19$	0,34	0,22
Blutsenkungs-geschwindigkeit	$0{,}70^3$	0,33	$0{,}49^3$
Überlebenszeit		$-0{,}21$	$-0{,}32$
Alter	$-0{,}01$	$-0{,}06$	$-0{,}05$

^{1} $p < 0{,}05$; ^{2} $p < 0{,}01$; ^{3} $p < 0{,}001$.

und/oder Chemotherapie inkludiert. Die Auswertung der Ergebnisse der Interkorrelationsanalyse von insgesamt 63 Patientinnen mit Mammakarzinom (Tabelle 16) zeigt in allen drei Gruppen eine negative Korrelation von Serumferritin mit den Erythrozytenwerten sowie dem Hämoglobin. Auffällig war weiters eine hochsignifikante Korrelation zwischen Serumferritin und der Blutsenkungsgeschwindigkeit bei den unbehandelten Patientinnen und dem Gesamtkollektiv. Eine signifikante lineare Beziehung zwischen Serumferritin und einem Lymphknotenbefall, einer Fernmetastasierung oder der Überlebenszeit der Patientinnen in Monaten konnten wir nicht finden. Dagegen beobachteten wir einen hochsignifikanten Unterschied ($P < 0{,}001$) zwischen den Serumferritinwerten von Patienten ohne Fernmetastasierung und solchen mit nachgewiesener Fernmetastasierung (Tabelle 17).

In Gewebe von Mammakarzinom wurden sowohl saure als auch basische Isoferritine gefunden [161, 253]. Prinzipiell könnte also zumindest ein Teil des zirkulierenden Serumferritins bei Mammakarzinom aus dem Tumor selbst stammen. Unsere Ergebnisse sprechen aber auch durchaus dafür, daß eine Serumferritinerhö-

Tabelle 17. *Serumferritin (ng WHO/ml) in Relation zur Therapie und dem Metastasierungsgrad beim Mammakarzinom*
(n = 63)

	Unbehandelt	Behandelt	Gesamt	Ohne Fern- metastasen	Mit Fern- metastasen
Patient	32	30	63	9	47
Mittelwert	187	480	343	78	432
Standarddeviation	391	625	541	104	600
Minimum	4	32	4	4	24
Maximum	2273	2424	2424	325	2424
Medianer Wert	104	245	154	35	185[1]

[1] Kruskal-Wallis-Test: Patienten mit Fernmetastasen signifikant erhöht (p < 0,001) gegenüber Patienten ohne Fernmestasierung.

hung bei Mammakarzinom durch andere Mechanismen mitinduziert werden könnte (Entzündungen, sideropenische Anämie mit Siderose des RES bei ausgedehnter Metastasierung, Tumorzellnekrosen).

Wie bereits im Kapitel über Serumferritin beim Morbus Hodgkin erwähnt, wurden 1977 von Moroz und Mitarbeitern [177, 178] im Zusammenhang mit erhöhten Serumferritinwerten bei Patienten mit Morbus Hodgkin aber auch bei Patienten mit Mammakarzinom eine Verminderung des Anteils zirkulierender T-Lymphozyten, die mit Schaferythrozyten Rosetten bildeten, beobachtet. Die blockierende Substanz wurde in der Folge als Ferritin identifiziert, wobei sich die Verminderung E-Rosetten bildender Zellen bei Patientinnen mit Mammakarzinom nach Inkubation mit Papain normalisieren ließ [255].

Die Annahme, daß eine Subpopulation von T-Lymphozyten bei Mammakarzinom spezifisch Ferritin bindet, konnte durch zytotoxische Tests untermauert werden [177, 180]. Sowohl mit polyklonalen Antiplazenta-Ferritin-Antikörpern [72] als auch mit monoklonalen Antikörpern spezifisch gegen humanes, fetales Plazentaferritin, wurde eine sehr hohe Sensitivität bei Patienten in sehr frühen Ausbreitungsstadien gefunden. So wurden in 93% (39/42) der Patienten mit Mammakarzinomen im Stadium I und II ferritinbeladene Lymphozyten nachgewiesen [181]. Im Stadium III konnten ferritinbeladene Lymphozyten nur in Einzelfällen festgestellt werden, desgleichen fanden sich im Stadium der Fernmetastasierung nur vereinzelt ferritinbeladene Lymphozyten. Etwa 20% (16/78) der Patientinnen mit gutartigen Brusterkrankungen wiesen aber ebenfalls einen „falsch-positiven" Test auf. Offen ist noch die Frage, ob als Ursache für das Auftreten von ferritinbeladenen Subpopulationen beim Mammakarzinom eine protrahierte „akute Phasereaktion" — ein charakteristischer Begleitbefund bei Tumorerkrankungen — verantwortlich ist. Die hohe Empfindlichkeit des Testes mit ferritinbeladenen Lymphozyten vor allem in der frühen Ausbreitungsphase des Mammakarzinoms, erscheint als interessante zusätzliche Information in der Primärdiagnose des Mammakarzinoms klinisch von Nutzen zu sein.

Wenn auch noch endgültige Aussagen über die Spezifität dieser Untersuchung fehlen, so liegt die Sensitivität in dieser frühen Phase der Erkrankung wesentlich höher als bei sämtlichen bisher bekannten Tumormarkern beim Mammakarzinom.

9. Lungenkarzinom

1977 konnte erstmals von der Marburger Gruppe um Gropp et al. [78] Ferritin in Extrakten von Lungenkarzinomen, nicht aber im normalen Lungengewebe nachgewiesen werden. Später demonstrierte diese Arbeitsgruppe bei 58 von 81 Patienten (= 72%) mit nachgewiesenen Lungenkarzinomen eine Erhöhung von Serumferritin zum Diagnosezeitpunkt, wobei Ferritin mittels Elektro-Immunodiffusion (eindimensionale Laurell-Elektrophorese) gemessen wurde [79]. Patienten mit Metastasen wiesen signifikant höhere Serumferritinwerte auf. Andere Autoren konnten in löslichen Extrakten menschlicher Lungentumore größere Mengen von Ferritin im Tumor selbst sowie im umgebenden Lungengewebe und im Serum mittels eines Solid-phase-Enzym-Immunoassay nachweisen [165, 166]. Di Martino et al. [46] verwendeten bei 90 Patienten mit primärem Lungenkarzinom eine RIA-Methode für die Serumferritin-Bestimmung und fanden in 54% der Fälle einen erhöhten Wert. Lammerz et al. [130] beschrieben bei 105 untersuchten Patienten mit verschiedenen Lungenkarzinomen eine Erhöhung der Serumferritinspiegel in 77% der Fälle.

In unseren eigenen Untersuchungen bei 31 Patienten mit verschiedenen Lungenkarzinomen fanden wir zum Zeitpunkt der Diagnosestellung eine Erhöhung der Serumferritinwerte in 75% der Patienten. Bezüglich der Serumferritinwerte zeigte sich zwischen den noch unbehandelten Patienten und den bereits anbehandelten Patienten kein signifikanter Unterschied (Tabelle 18). Ein Einfluß des histologischen Typs auf den Serumferritinwert konnte bei unseren Ergebnissen statistisch nicht gesichert werden (Tabelle 19). Patienten mit nachgewiesener Fernmetastasierung boten trendweise höhere Serumferritinwerte. Der Unterschied zu jenen Patien-

Tabelle 18. *Serumferritin (ng WHO/ml) in Relation zur Therapie des Bronchuskarzinoms (n = 31)*

Patienten	unbehandelt 20	behandelt 11	gesamt 31
Mittelwert	396	308	364
Standarddeviation	426	261	373
Minimum	40	46	40
Maximum	1959	896	1959
Medianer Wert	308	396	255
% erhöhte Werte	75%	78%	78%

Tabelle 19. *Serumferritin (ng WHO/ml) in Relation zum histologischen Typ des Bronchuskarzinoms (n = 28)*

Histologie	Platten-ephithel	Klein-zellig	Groß-zellig	Andere
Patienten	7	12	3	6
Mittelwert	305	472	329	179
Standarddeviation	207	522	263	138
Minimum	46	40	127	78
Maximum	559	1959	628	454
Medianer Wert	304	305	234	148

Tabelle 20. *Serumferritin (ng WHO/ml) in Relation zur Tumorausdehnung des Bronchuskarzinoms (n = 30)*

Fernmetastasen	nicht nachgewiesen (Mo)	nachgewiesen (Mx)
Patienten	4	26
Mittelwert	216	395
Standarddeviation	157	397
Minimum	46	40
Maximum	390	1959
Medianer Wert	215	276

Tabelle 21. *Korrelationsanalyse (Korrelationskoeffizient Tau nach Kendall) zwischen Serumferritin und klinisch relevanten Parametern des Bronchuskarzinoms (n = 31)*

Patienten	Unbehandelt 20	Behandelt 11	Gesamt 31
Erythrozyten	−0,17	−0,47	−0,20
Hämoglobin	−0,31	−0,34	−0,28
Leukozyten	−0,38	−0,23	−0,19
Serumeisen	0,04	0,07	0,02
Blutsenkungs- geschwindigkeit	0,54[2]	0,15	0,42[1]
Alter	−0,13	0,35	−0,02

[1] $p < 0,05$; [2] $p < 0,02$.

ten mit Lungenkarzinom ohne nachgewiesene Fernmetastasierung war aber statistisch nicht signifikant (Tabelle 20).

Die Analyse unserer Interkorrelationsdaten von Serumferritin mit hämatologischen Parametern und dem Serumeisen ließen beim Lungenkarzinom keinen signifikanten Zusammenhang erkennen (Tabelle 21). Dagegen läßt die signifikante Korrelation von Serumferritin mit der Blutsenkungsgeschwindigkeit ($P < 0,02$) sowohl zum Diagnosezeitpunkt als auch im Gesamtkollektiv an eine Hyperferritinämie beim Lungenkarzinom, mitverursacht durch eine „akute Phasereaktion", denken.

Bei sequentiellen Bestimmungen im Verlauf von Lungenkarzinomen konnte im Einzelfall die Höhe des Serumferritinwertes, im Einklang stehend mit der klinischen Progredienz des Lungenkarzinoms, gefunden werden, es wurden aber auch Beeinflussungen des Serumferritinwertes durch den hämatologischen Status, z. B. sideropenische Anämie mit Siderose des RES, beobachtet [128]. Aus der Höhe der Serumferritinwerte zum Diagnosezeitpunkt ließ sich kein signifikanter Rückschluß auf die Überlebenszeit der Patienten ableiten [128].

Prinzipiell kann die Bestimmung von Serumferritin bei Patienten mit Lungenkarzinom klinisch sinnvoll als zusätzlicher Parameter zur Erfassung von Metastasen oder Rezidiven, sowie zur Evaluierung eines Therapieerfolges herangezogen werden. Es ist bei der klinischen Evaluierung aber stets zu beachten, daß es während einer Strahlen- und/oder Chemotherapie zu einer massiven transienten Hyperferritinämie kommen kann, die insbesondere nach einer Strahlentherapie unter Umständen einige Wochen persisiert.

Insgesamt kann Serumferritin zumindest mit den derzeit etablierten Nachweismethoden, beim Lungenkarzinom die Kriterien eines Tumormarkers mangels entsprechender Spezifität nicht erfüllen. Unter Beachtung der erwähnten Einschränkungen ist der klinische Einsatz in der Verlaufskontrolle des Lungenkarzinoms zumindest als zusätzliche Information erwägenswert.

10. Gastrointestinale Tumore

10.1 Primäres Leberkarzinom

Stark erhöhte Serumferritinwerte wurden bei einem hohen Prozentsatz (63—77%) der Patienten mit primären Leberzellkarzinom von mehreren Arbeitsgruppen gefunden [32, 71, 123, 176, 186]. Ferritine aus Hepatomen wiesen im Vergleich zu Ferritinen aus normalem Lebergewebe strukturelle und funktionelle Unterschiede auf: Ein saureres Isoferritinprofil und einen wesentlich niedrigeren Eisengehalt [186]. Ratten mit chemisch induzierten Hepatomen zeigten während der Karzinogenese eine frühe transiente Serumferritinerhöhung gefolgt von einer späteren zweiten persistierenden Hyperferritinämie [186]. Ein ähnliches Verlaufsmuster unter gleichen Versuchsbedingungen ist für Alpha-1-Fetoprotein gut bekannt [186]. Diese Beobachtung kann als indirektes Indiz dafür gewertet werden, daß Tumorgewebe in der Lage ist, Ferritin zu produzieren. Dafür sprechen auch die Beobachtungen von Powell et al. [204], die im Serum von Patienten mit primären Leberzellkarzinomen zusätzlich zu den normal vorkommenden basischen Isoferritinen saure Isoferritine nachwiesen, welche mit denen aus gereinigten primären Leberkarzinom-Zellgewebe korrespondierten. Isoferritine, die de-

nen aus Hepatomgewebe sehr ähneln, wurden aus fetalem Lebergewebe isoliert [8]. Ähnlich den Erklärungsversuchen der Alpha-1-
Fetoproteinproduktion durch primäre Leberkarzinomzellen könnte daher analog gefolgert werden, daß die Produktion dieser
Isoferritine eine Retro- oder Dedifferenzierung der Funktion des
malignen Hepatozyten darstellt. Natürlich könnten daneben noch
andere Mechanismen zu einer Hyperferritinämie bei Patienten mit
primären Leberzellkarzinom beitragen: Direkte Freisetzung von
Serumferritin aus nekrotischem Lebergewebe verursacht z. B. durch
Tumorwachstum; oder die oft mit primären Leberzellkarzinom
assoziierte Leberzirrhose oder eine gestörte hepatische Serumferri-
tinaufnahme durch die erkrankte Leber.

Dagegen spricht die Tatsache, daß Patienten mit primären
Leberzellkarzinomen mit Leberzirrhose und Patienten mit primären Leberkarzinomen ohne Leberzirrhose keine signifikanten un-
terschiedlichen Serumferritinwerte aufwiesen, weiters liegen die
Serumferritinwerte von Patienten mit kryptogener Leberzirrhose
signifikant unter denen von Patienten mit primärem Leberzellkarzinom [123].

Bei südafrikanischen Negern bestand keinerlei Korrelation
zwischen den Serumferritinspiegeln und dem chemisch gemessenen
Lebereisen, der Tumorgröße im Leberszintigramm oder den Werten
der Serumtransaminasen. Bemerkenswerterweise wurde aber in
dieser Studie eine signifikante negative Korrelation zwischen Serumferritin und Serum-Alpha-1-Fetoprotein beschrieben [123].
Andere Untersuchungen bei Kaukasiern zeigten dagegen keine
signifikanten Korrelationen zwischen Serumferritin und Serum-
Alpha-1-Fetoprotein [32, 71]. Bei Patienten mit AFP-negativen
Hepatomen kann aber durch die zusätzliche Bestimmung von
Serumferritin die Sensitivität und Spezifität in der Serodiagnostik
eines primären Leberzellkarzinoms gesteigert werden [32, 71].

In einer eigenen Studie gemeinsam mit der II. Universitätsklinik
für Gastroenterologie und Hepatologie in Wien fanden wir bei 22
Patienten mit histologisch verifizierten hepatozellulären Karzinomen in 77% eine erhöhte Serumferritinkonzentration [202]. 4
Patienten (18%), die dem AFP-Befund nach unverdächtig waren,

Patient	AFP (ng/ml)	AFP (> 9 ng/ml)	AFP (> 174 ng/ml)	S. Ferritin (ng/ml)	S. Ferritin (> 343 ng/ml)	Richtige Diagnose
D. O.	5	—	—	2 115	+	+
C. U.	47	+	—	820	+	+
P. O.	48	+	—	420	+	+
M. A.	114	+	—	1 850	+	+
S. T.	320	+	+	2 895	+	+
N. A.	320	+	+	655	+	+
M. C.	320	+	+	78	—	+
A. M.	350	+	+	2 355	+	+
H. I.	400	+	+	685	+	+
M. W.	600	+	+	2 090	+	+
H. O.	690	+	+	670	+	+
B. R.	720	+	+	64	—	+
F. I.	900	+	+	1 040	+	+
D. O.	1 400	+	+	1 185	+	+
H. U.	1 950	+	+	1 310	+	+
F. U.	3 400	+	+	244	—	+
T. A.	18 000	+	+	114	—	+
G. I.	22 000	+	+	182	—	+
S. M.	22 000	+	+	2 390	+	+
N. E.	40 500	+	+	2 650	+	+
G. R.	238 000	+	+	1 650	+	+
N. W.	270 000	+	+	1 165	+	+

Abb. 29. Serum-Alpha-1-Feto-Protein und Serumferritin bei hepatozellulären Karzinomen (n = 22)
[Aus Polterauer P, Linkesch W (1982) Wien Klin Wschr]

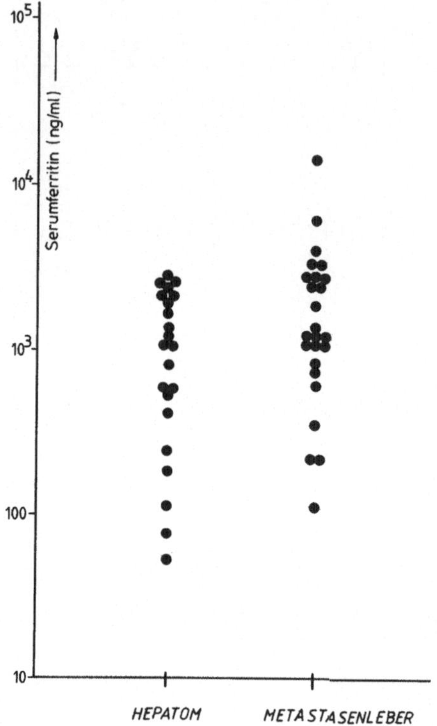

Abb. 30. Serumferritinwerte bei Hepatomen (n = 22) und Metastasenleber (n = 25), obere Grenze des Normalbereiches: 343 ng/ml Serumferritin

wiesen eine Hyperferritinämie auf. Durch die zusätzliche Ferritin-bestimmung konnten wir so die Trefferquote zur Identifizierung der Hepatomträger um weitere 18,2% gegenüber 81,8% bei alleiniger AFP-Bestimmung anheben und alle Patienten richtig diagnostizie-ren (Abb. 29). Eine Differentialdiagnose zwischen primärem Leber-zellkarzinom und einer Metastasenleber konnten wir mittels Serum-ferritin aber nicht stellen (mediane Werte von Serumferritin: 1040 ng WHO/ml versus 1310 ng WHO/ml); 88% der Patienten mit Metastasenleber wiesen erhöhte Serumferritinwerte auf (Abb. 30).

Bei der klinischen Beurteilung von Serumferritin bei Leber-erkrankungen muß weiters berücksichtigt werden, daß ca. 33% der

Patienten mit Leberzirrhose erhöhte Serumferritinwerte aufweisen, was zu Überschneidungen mit den Werten, wie sie beim primären Leberzellkarzinom gefunden werden, führen kann [32, 71].

Die medianen Werte des Serumferritins lagen aber in der Hepatomgruppe signifikant höher als die der Patienten mit chronischer Leberzirrhose [32, 71]. Signifikante Korrelationen der Serumferritinwerte mit der Serumglutamat-Oxalazetattransferase bei Patienten mit Leberzirrhose, welche die hepatische Nekrose widerspiegeln, wurden von Chapman et al. [32], beschrieben von anderen Autoren aber nicht bestätigt [71]. Der Quotient Serumferritin/SGOT soll bei Patienten mit primären Leberzellkarzinomen (26 ± 25) signifikant (p < 0,005) höher liegen als bei Patienten mit chronischer Leberzirrhose (9 ± 13) oder gesunden Kontrollpersonen (7 ± 5) [286]. Klinisch nützlich kann die Serumferritinbestimmung in der Therapieüberwachung von AFP-negativen Patienten mit primären Leberzellkarzinom eingesetzt werden. Zusätzlich ist bei Patienten mit Leberzirrhose, deren AFP und Serumferritinwerte im Normalbereich liegen, das Vorliegen eines primären Leberzellkarzinoms äußerst unwahrscheinlich [32].

10.2 Pankreaskarzinom

Die Profile menschlichen Ferritins zeigen in der Migration während der isoelektrischen Fokussierung in Polyamidacrylgel einen deutlichen Unterschied zwischen normalem Pankreasgewebe und Pankreaskarzinomgewebe. Ferritine aus Pankreaskarzinomen wiesen wesentlich saurere Profile auf als Ferritine aus gesundem Pankreasgewebe [81, 189]. Es ist aber darauf hingewiesen worden, daß bestimmte Methoden bei der Ferritin-Purifikation, wie Dichte-Gradienten-Zentrifugation oder Hitzebehandlung, bestimmte Ferritine selektionieren oder andere exkludieren könnten [191], so daß möglicherweise nach dieser Prozedur nicht mehr das aktuelle Ferritin-Muster im Gewebe reflektiert wird.

Trotz dieser Einschränkungen im Gewebe wurden im Serum von Patienten mit Pankreaskarzinomen erhöhte Ferritinwerte in 50—75% der Fälle gemessen [1, 65, 189,190,191]. Fabris et al. [65]

beschrieben bei 209 Patienten mit Pankreaskarzinomen signifikante Ferritinerhöhungen (p < 0,01) gegenüber gesunden Kontrollpersonen und gegenüber 17 Patienten mit nichtkalzifizierender chronischer Pankreatitis (p < 0,05). Zwischen den Serumferritinwerten der Pankreaskarzinome und 27 Patienten mit chronisch kalzifizierender Pankreatitis fand sich kein signifikanter Unterschied. Im Stadium I des Pankreaskarzinoms lag die Sensitivität des Serumferritins in der Erfassung des Tumors bei 0,5—0,66, im Stadium II betrug die Sensitivität 0,67—0,77, um schließlich im Stadium III auf 0,75—0,93 anzusteigen [189, 191].

In eigenen Untersuchungen gemeinsam mit der II. Universitätsklinik für Gastroenterologie und Hepatologie in Wien [96] untersuchten wir präoperativ bei 30 Patienten mit Pankreaskarzinomen die Sensitivität der Marker Serumferritin, karzinoembryonales Antigen (CEA) und Carbohydrat-Antigen 19-9 (CA 19-9). Die Bestimmung des CEA wurde mittels Enzym-Immuno-Assay (Normalbereich < 6 ng/ml) der Firma Abbot, USA, durchgeführt, für die Messung von CA 19-9 ein Radio-Immuno-Assay (Normalbereich < 37 Units/ml) der Firma Cintocor, USA, verwendet. Die Serumferritinwerte beim Pankreaskarzinom zeigten in einem höheren Prozentsatz (80%) einen positiveren Wert als CA 19-9 (57%) oder CA (37%). Der mediane Wert des Serumferritins lag gegenüber gesunden Kontrollpersonen signifikant höher (Tabelle 22), es fand sich aber kein signifikanter Unterschied in den Serumferritinspiegeln zwischen Patienten mit Pankreaskarzinom und Fernmetastasierung und Patienten, bei denen eine Fernmetastasierung nicht nachgewiesen werden konnte (Tabelle 23).

Wurden die Marker miteinander kombiniert, erwies sich die Kombination von Serumferritin mit CEA (einer der beiden Marker positiv) mit einer Sensitivität von 0,92 als am geeignetsten zur Erfassung der Patienten mit Pankreaskarzinom, da sich diese beiden Marker offenbar teilweise ergänzen. Demgemäß liegt auch die Koinzidenz (beide Marker positiv) für diese Kombination mit 24% am niedrigsten (Tabelle 24). CEA und CA 19-9 korrelierten bei den Patienten mit Pankreaskarzinomen signifikant miteinander (Kendall-Tau-Korrelationskoeffizient: 0,320; p < 0,05), daher

Tabelle 22. *Serumferritin, Karbohydratantigen 19-9 (CA 19-9) und Karzinomembryonales Antigen (CEA) beim Pankreaskarzinom (n = 30)*

	Serumferritin	CA 19-9	CEA
Patienten	25	28	27
Mittelwert	364	183	27
Standarddeviation	290	295	64
Minimum	38	5	0
Maximum	1191	1350	275
Medianer Wert	320	109	2,4

Normalbereich: Serumferritin $<$ 132 ng WHO/ml;
$\qquad$ CA 19-9 $<$ 37 Einheiten/ml; CEA $<$ 6 ng/ml.

Tabelle 23. *Serumferritin (ng WHO/ml) in Relation zum Metastasierungsgrad des Pankreaskarzinoms (n = 23)*

Fernmetastasierung	nicht nachgewiesen (Mo)	nachgewiesen (Mx)
Patienten	12	11
Mittelwert	483	279
Standarddeviation	363	206
Minimum	40	38
Maximum	1 191	759
Medianer Wert	330	254

Stastistische Auswertung: keine Signifikanz.

konnten durch die Kombination dieser beiden Marker (einer der beiden Marker positiv) nur 56% der Patienten identifiziert werden. Die Kombination aller drei Marker (einer der Marker positiv) erbrachte keine zusätzliche Steigerung in der Erfassung der Patienten mit Pankreaskarzinom. Die Kombination von zwei Markern (einer von zwei Markern positiv) steigerte die Sensitivität um weitere 12% gegenüber der alleinigen Verwendung des sensitivsten Einzelmarkers. Wir folgern aus unseren Resultaten, daß die Kombination von Markern bei Patienten mit Pankreaskarzinom eine

Tabelle 24. *Tumormarker und deren Kombinationen beim Pankreaskarzinom*

	Anzahl erhöhter Werte	
1 Marker positiv		
Serumferritin (> 132 ng/ml)	20/25	80%
CA 19-19 (> 37 Einheiten/ml)	16/28	57%
CEA (> 6 ng/ml)	10/27	37%
Einer von 2 Markern positiv		
Serumferritin — CA 19-9	22/25	88%
Serumferritin — CEA	22/24	92%
CA 19-9 — CEA	14/25	56%
Beide Marker positiv		
Serrumferritin — CA 19-9	11/25	44%
Serumferritin — CEA	5/24	24%
CA 19-9 — CEA	7/25	30%
Alle Marker positiv		
Serumferritin — CA 19-9 — CEA	5/24	24%

Sensitivitätssteigerung dann ermöglicht, wenn mit Serumferritin kombiniert wird, eine Kombination von CEA und CA 19-9 erscheint nicht zweckmäßig zu sein. Prinzipiell reicht aber die Spezifität der verwendeten Marker keinesfalls für ein Screening oder eine Früherfassung von Patienten mit Pankreaskarzinom aus. Der klinische Einsatz empfielt sich zur Beurteilung des Verlaufes der Erkrankung bei bereits bekannter Diagnose sowie zur Beurteilung des Ansprechens auf therapeutische Maßnahmen.

10.3 Magenkarzinom

Zur Früherkennung des Magenkarzinoms stehen derzeit keine Marker mit genügend hoher Spezifität für die klinische Anwendung zur Verfügung. Gemeinsam mit der II. Universitätsklinik für Gastroenterologie und Hepatologie in Wien führten wir Untersuchungen durch, die sich mit der Fragestellung beschäftigten, ob

Tabelle 25. *Serumferritin (ng WHO/ml), Karzinoembryonales Antigen (CEA) und Karbohydratantigen 19-9 (CA 19-9) beim Magenkarzinom*

	Serumferritin	CA 19-9	CEA
Patienten	14	14	14
Mittelwert	307	215	87
Standarddeviation	254	659	320
Minimum	50	5	0
Maximum	976	2500	1200
Medianer Wert	209	10,7	1,2

Normalbereich: Serumferritin < 132 ng WHO/ml;
CA 19-9 < 37 Einheiten/ml; CEA < 6 ng/ml.

durch die Kombination von mehreren Markern eine Steigerung der Sensitivität zur Erfassung der Patienten mit Magenkarzinom erzielt werden kann und welche Kombinationen von Markern zur Erreichung dieses Zieles am sinnvollsten erscheinen [96]. Bei 14 Patienten mit Magenkarzinomen (größtenteils mit Lebermetastasierung) wurden präoperativ Serumferritin, CA 19-9 und CEA mit der im vorigen Kapitel angegebenen Methodik bestimmt. Nur die medianen Serumferritinwerte (209 ng WHO/ml) zeigten sich gegenüber gesunden Kontrollpersonen signifikant erhöht, die medianen Werte von CA 19-9 (10,7 Einheiten/ml) und CEA (1,2 ng/ml) kamen in den Normalbereich zu liegen (Tabelle 25). Die Sensitivität lag für Serumferritin am höchsten (0,71), betrug für CA 19-9 0,43 und für CEA nur 0,7. In der Kombination der Marker (einer von zwei Markern positiv) erwies sich die Kombination von Serumferritin und CA 19-9 mit einer Sensitivitätssteigerung um 7% auf 0,78 am günstigsten. Die Kombination von CA 19-9 mit CEA (Sensitivität 0,43) hatte keinerlei Vorteile gegenüber der alleinigen Bestimmung von CA 19-9 (Sensitivität 0,43) (Tabelle 26). In der Interkorrelationsanalyse korrelierte Serumferritin weder mit CA 19-9 noch mit CEA. Daraus kann geschlossen werden, daß dem Serumferritin bei Patienten mit Magenkarzinom eine eher ergänzende Rolle zukommt. Die Marker-Kombination von Serumferritin mit CA 19-9

Tabelle 26. *Marker und deren Kombinationen beim Magenkarzinom*

	Sensitivität (% positiv)
1 Marker positiv	
Serumferritin (> 132 ng/ml)	10/14 71%
CA 19-9 (> 37 Einheiten/ml)	6/14 43%
CEA (> 6 ng/ml)	1/14 7%
Einer von 2 Markern positiv	
Serumferritin — CA 19-9	11/14 78%
Serumferritin — CEA	10/14 71%
CA 19-9 — CEA	6/14 43%
Beide Marker positiv	
Serumferritin — CA 19-9	5/14 36%
Serumferritin — CEA	1/14 7%
CA 19-9 — CEA	1/14 7%
Alle Marker positiv	
Serumferritin — CA 19-9 — CEA	1/14 7%

oder Serumferritin mit CEA steigert daher die Sensitivität und erweist sich zur Erfassung von Patienten mit Magenkarzinomen am sinnvollsten. Wie alle anderen Marker ließ auch Serumferritin die Tumorspezifität beim Magenkarzinom vermissen. Der klinisch sinnvolle Einsatz empfiehlt sich daher in der Verlaufskontrolle bei bekannter Diagnose oder in der Beurteilung des therapeutischen Ansprechens. Diesbezügliche genaue prospektive, kontrollierte Studien sind aber derzeit noch ausständig.

10.4 Kolorektale Karzinome

Di Martino et al. [47] berichteten bei 62 Patienten mit kolorektalen Karzinomen im Stadium Duke's A oder B über eine Sensitivität von 0,48 für Serumferritin und 0,61 für CEA. Eigene Untersuchungen gemeinsam mit der II. Universitätsklinik für Gastroenterologie und Hepatologie in Wien erbrachten bei 33 Patienten mit kolorektalen

Tabelle 27. *Serumferritin (ng WHO/ml), Karzinomembryonales Antigen (CEA) und Karbohydratantigen (CA 19-9) bei kolorektalen Karzinomen (n = 33)*

	Serumferritin	CEA	CA 19-9
Patienten	31	33	33
Mittelwert	230	359	246
Standarddeviation	217	966	527
Minimum	6	0	5
Maximum	820	4353	2500
Medianer Wert	159	14	49

Normalbereich: Serumferritin < 132 ng WHO/ml;
CEA < 6 ng/ml; CA 19-9 < 37 Einheiten/ml.

Karzinomen (11 Patienten mit Lebermetastasierung) eine Sensitivität von 0,52 für Serumferritin, 0,51 für CA 19-9 und 0,57 für CEA [96]. Bei allen drei erwähnten Markern lagen die medianen Werte der Patienten mit kolorektaten Karzinomen signifikant über denen gesunder Normalpersonen (Tabelle 27) und betrugen für Serumferritin 159 ng WHO/ml, für CEA 14 ng/ml und für Carbohydratantigen 19-9 49 Einheiten/ml.

Die Kombination der Marker Serumferritin und CEA (einer von zwei Markern positiv) ergab eine zusätzliche Steigerung der Sensitivität in der Erfassung von Patienten mit kolorektalen Karzinomen um 14% auf 0,71 gegenüber der alleinigen Bestimmung eines Einzelmarkers mit der höchsten Sensitivität (CEA) (Tabelle 28). Serumferritin korrelierte bei kolorektalen Karzinomen signifikant mit CA 19-9 (Kendall-Tau-Korrelationskoeffizient: 0,307; p < 0,02), dagegen nicht mit CEA. Die Marker-Kombination (einer der beiden Marker positiv) Serumferritin mit CA 19-9 schneidet daher schlechter ab als die Kombination von Serumferritin mit CEA, da sich beim kolorektalen Karzinom diese beiden Marker teilweise ergänzen.

Bei Patienten mit blutenden kolorektalen Tumoren und dadurch bedingtem manifestem Eisenmangel ist darauf zu achten, daß

Tabelle 28. *Marker und deren Kombinationen bei kolorektalen Karzinomen*

	Sensitivität (% positiv)	
1 Marker positiv		
Serumferritin (> 132 ng/ml)	17/31	52%
CA 19-9 (> 37 Einheiten/ml)	17/33	51%
CEA (> 6 ng/ml)	19/33	57%
Einer von 2 Markern positiv		
Serumferritin — CA 19-9	17/31	51%
Serumferritin — CEA	22/31	71%
CA 19-9 — CEA	21/33	64%
Beide Marker positiv		
Serumferritin — CA 19-9	12/31	39%
Serumferritin — CEA	13/31	42%
CA 19-9 — CEA	15/33	45%
Alle Marker positiv		
Serumferritin — CA 19-9 — CEA	11/31	35%

die Höhe der tumorbedingten Hyperferritinämie in solchen Fällen geringer ausfallen kann bzw. bei dieser Konstellation ein falsch negatives Absinken der Serumferritinwerte in den Normbereich auftreten könnte.

11. Urogenitalkarzinome

11.1 Hodentumore

Mittels indirekter Immunfluoreszenz mit Antisera gegen Hepatom-Ferritin wiesen Wahren et al. [248] Ferritin in Zellen embryonaler Karzinome mit und ohne Teratomanteil nach. Die Serumspiegel von Alpha-I-Fetoprotein (AFP) und Ferritin waren in jenen Fällen erhöht, bei denen eine große Zahl von Tumorzellen eine positive Anfärbbarkeit für beide Antigene aufwies. Benigne Gewebe färbten sich nicht an. Patienten mit Hodentumoren, bei denen weder AFP noch Ferritin nachgewiesen wurde, hatten eine deutlich längere mittlere Überlebenszeit (58 Monate) als solche mit positiven AFP oder Ferritinnachweis (12 Monate).

Jacobsen et al. [107] konnten mittels einer indirekten Immunperoxidase-Technik Ferritin in Gewebsschnitten embryonaler Karzinome, bei Dottersacktumoren, Teratomen und Seminomen nachweisen. Bei 41 von 49 Patienten mit Carcinoma in situ des Hodens gelang ein positiver Ferritinnachweis in den atypischen, intratubulären Keimzellen und im umliegenden Gewebe, während andere tumorassoziierte Proteine nicht nachgewiesen werden konnten [106]. Bei Patienten mit nichtmalignen Veränderungen des Keimzell-Epithels (Entzündungen, Blutungen, Atrophie, Infarzierung) konnte in keinem der Fälle Ferritin in den Keimzellen demonstriert werden.

Alpha-1-Fetoprotein (AFP) und humanes Chorion-Gonadotropin (Beta-HCG) sind aus der Diagnostik und der Therapiekontrolle von Hodentumoren nicht mehr wegzudenken. Bei nichtseminomatösen Keimzelltumoren im klinischen Stadium I liegen aber bei mehr als 70% der Patienten die Serumspiegel von AFP und Beta-HCG im Normbereich [22], selbst bei weit fortgeschrittenem Krankheitsverlauf liegen immerhin noch ungefähr 10% der Patienten mit den Spiegeln im Normbereich. Definitionsgemäß hat ein Seminom immer AFP negativ zu sein, bei metastasierten Seminomen werden Beta-HCG-positive Fälle in nur 5—15% der Patienten gefunden [61]. Diese Konstellation ließ die Einführung eines dritten Ferritin Markers als besonders sinnvoll erscheinen.

Eigene Untersuchungen bei 131 Patienten mit Hodentumoren (64 Patienten mit Metastasen, 67 Patienten ohne nachweisbare Metastasierung) bestätigten die prinzipielle Richtigkeit dieser Annahme [146, 153]. Für die histologische Klassifikation der Keimzelltumore wurde eine Einteilung nach Pugh [205] verwendet:

Seminom, malignes Teratom — intermediär (MTI), malignes Teratom — undifferenziert (MTU), malignes Teratom — trophoblastisch (MTT). Wie aus Tabelle 29 ersichtlich, wiesen 10 von 11 Patienten mit metastasierten Seminomen (91%) erhöhte Serumferritinwerte auf, wodurch die Identifizierung der Metastasenträger in dieser Gruppe von 36% (= Beta-HCG-positiv) auf 91% gesteigert werden konnte. Bei den nichtseminomatösen metastasierten Patienten ergab sich durch die Einführung des dritten Markers Ferritin in Kombination mit AFP und Beta-HCG eine deutliche Zunahme der Sensitivität auf 0,92.

Wurden die Serumferritinwerte der Seminome mit denen der nichtseminomatösen Tumore verglichen (Tabelle 30) ergab sich kein signifikanter Unterschied, desgleichen wiesen die histologischen Untergruppen der nichtseminomatösen Tumore untereinander keine signifikanten Unterschiede auf.

Die Analyse der Interkorrelationsdaten von 149 Patienten mit Hodentumoren (Tabelle 31) verifizierte einen hochsignifikanten Zusammenhang von Serumferritin mit einer Lymphknotenmetastasierung (p < 0,0002) und von Serumferritin mit Fernmetastasen (p < 0,002). Der von uns 1978 erstmalig beschriebene [140] hochsignifikante Zusammenhang zwischen Serumferritin und der aus dem Tumor stammenden LDH [224] wurde auch bei der hohen Fallzahl erneut bestätigt (p < 0,0001). Der fehlende statistische Zusammenhang zwischen den Serumferritinwerten und den Spiegeln von AFP und Beta-HCG weist auf die alternative und zusätzliche Bedeutung von Serumferritin als dritten Marker bei Hodentumoren hin. Weiters ließ sich in der vorliegenden Auswertung eine statistisch signifikante Korrelation zwischen Serumferritin und der Überlebenszeit von Patienten mit Hodentumoren nicht sichern.

In einer früheren Publikation [5] haben wir aber auf die prognostische Bedeutung von exzessiv erhöhten Serumferritinwerten bei Patienten mit metastasierten Hodentumoren hingewiesen. Patienten mit Serumferritinwerten > 1000 ng/ml hatten eine signifikant verminderte (p < 0,01) Chance, eine komplette Remission zu erreichen.

Patienten mit Metastasen wiesen signifikant höhere Werte auf, als solche ohne nachgewiesene Metastasierung (Tabelle 32).

Bedingt durch operative Maßnahmen, nach Blutkonservengabe, während oder unmittelbar nach einer Chemo- oder Strahlentherapie kann eine transiente eventuell persistierende Hyperferritinämie auch bei Patienten ohne Metastasierung beobachtet werden

Tabelle 29. *Inzidenzen erhöhter Serumwerte von Ferritin, β-HCG und AFP bei Patienten mit metastasierten Hodentumoren (n = 64), (Linkesch W, Kutzmits R, Aiginger P, 13th International Congress of Chemotherapy, 1983)*

		β-HCG		AFP		Ferr.		β-HCG + AFP + Ferr.	
	N	N	%	N	%	N	%	N	%
Seminoma	11	4	36	0	0	10	91	10	91
MTI	19	10	53	13	68	9	47	17	89
MTU	24	11	46	16	67	14	58	22	92
MTT	10	10	100	6	60	8	80	10	100
MTI + MTU + MTT	53	31	58	35	66	31	58	49	92
Seminoma + nonsem. germ cell tumors	64	35	55	35	55	41	64	59	92

Tabelle 30. *Serumferritin (ng WHO/ml) in Relation zur Histologie des Hodentumors (n = 148)*

Histologie	Seminome	MTI	MTU	MTT
Patienten	37	50	45	16
Mittelwert	222	234	163	225
Standarddeviation	275	357	175	241
Minimum	25	17	4	17
Maximum	1156	1815	986	900
Medianer Wert	144	120	142	110

Tabelle 31. *Korrelationsanalyse (Kendallscher Korrelationskoeffizient Tau) zwischen Serumferritin und klinisch relevanten Parametern bei Hodentumoren (n = 149)*

	Serumferritin	Signifikanz
LDH	0,64	$p < 0,0001$
Lymphoknotenmetastasen	0,31	$p < 0,0002$
Fernmetastasen	0,25	$p < 0,002$
β-HCG	0,03	N. S.
AFP	0,005	N. S.
Überlebenszeit	−0,31	N. S.

Tabelle 32. *Serumferritin (ng WHO/ml) in Relation zum Metastasierungsgrad von Hodentumoren (n = 149)*

	Fernmetastasen		Gesamt
	Nicht nachgewiesen (Mo)	Nachgewiesen (Mx)	
Patienten	60	89	149
Mittelwert	141	258	211
Standarddeviation	172	323	278
Minimum	14	4	4
Maximum	959	1815	1815
Medianer Wert	111	161[1]	126

[1] Kruskal-Wallis-Test: $p < 0,05$.

und darf in der Verlaufskontrolle nicht überbewertet oder falsch interpretiert werden.

11.2 Nierenkarzinome

Im normalen Nierengewebe wurden saure Isoferritine nach Auftrennung in der isoelektrischen Fokussierung in Polyacrylamidgel und nach Inkubation mit [125]-Jod-markierten monospezifischen

Antihuman-Leber-Ferritin-Antikörpern im Autoradiogramm bei einem isoelektrischen Punkt (PI) von 5,22 bis 5,25 lokalisiert. Gewebsschnitte aus primären, aber auch aus sekundären Nierenkarzinomen wiesen mit dieser Methodik Isoferritinprofile mit einem zusätzlichen prominenten Peak bei PI 5,54 auf [81]. Da normales Lebergewebe ebenfalls einen Peak bei PI 5,54 im Isoferritinprofil aufweist, scheint nach der Meinung einiger Autoren das Auftreten eines zusätzlichen Peak in diesem Bereich nicht tumorspezifisch zu sein, sondern eine Verschiebung der Ferritinsynthese von den membrangebundenen Lysosomen zu den freien Polysomen, die generell in Tumorgeweben, korrespondierend mit dem Grad der Anaplasie, in einem höheren Prozentsatz vorkommen, widerzuspiegeln [81]. Es wurde aber im vorigen Kapitel bereits darauf hingewiesen, daß manche Autoren prinzipiell die Meinung vertreten, daß die verwendeten Methoden zur Reinigung des Ferritins bestimmte Ferritine selektionieren bzw. exkludieren können [81].

Andersen verglich den Ferritingehalt von homogenisierten Nierenkarzinomgeweben mit dem vom normalen Nierengewebe quantitativ mittels Immunopherese und Anti-Nierenkarzinom-Ferritin-Antiserum [9]. Im Nierenkarzinomgewebe war das der Kathode am nächsten liegende Präzipitat in größeren Mengen anzutreffen als im normalen Nierengewebe. Der Autor fand keine Korrelation zwischen Ferritinwerten im Tumor und den Ferritinwerten im nichtmalignen Gewebe derselben Niere, jedoch eine hohe Ferritinkonzentration im Serum der Patienten mit Nierenkarzinomen.

Kido et al. [124] untersuchten 113 Patienten mit verschiedensten urologischen Erkrankungen. Bei Nierenkarzinomen lag die Sensitivität von Serumferritin bei 0,54, korrelierte mit dem klinischen Stadium der Erkrankung, korrelierte nicht mit dem Serumeisen.

In einer eigenen Studie inkludierten wir 18 Patienten mit histologisch nachgewiesenem Hypernephrom. Die Werte aller Patienten ohne Fernmetastasierung lagen im Normbereich, während im Vergleich dazu alle Patienten mit metastasiertem Hypernephrom signifikant erhöhte (p < 0,01) Ferritinwerte aufwiesen (Tabelle 33). Die Korrelationsanalyse bestätigte die signifikante Korrelation von

Tabelle 33. *Serumferritin (ng WHO/ml) in Relation zum Metastasierungs-grad des Hypernephroms (n = 17)*

	Fernmetastasen		Gesamt
	Nicht nachgewiesen (Mo)	Nachgewiesen (Mx)	
Patienten	3	14	17
Mittelwerte	64	783	630
Standarddeviation	21	821	776
Minimum	42	152	42
Maximum	85	2600	2600
Medianer Wert	66	433[1]	337

[1] Kruskal-Wallis-Test, p < 0,01.

Serumferritin mit dem Metastasierungsgrad (Kendall-Tau-Korrelationskoeffizient: 0,559; p < 0,01). Wir fanden keine statistisch gesicherte Korrelation zwischen Serumferritin und der Blutsenkungsgeschwindigkeit, Erythrozyten, Hämoglobin, Leukozyten oder dem Serumeisen. Zumindest aus unseren Untersuchungen kann gefolgert werden, daß metastasierte Patienten mit Hypernephrom mittels Serumferritin selektioniert werden können, was in der Verlaufskontrolle und in der Beurteilung des Ansprechens auf therapeutische Maßnahmen klinisch sinnvoll eingesetzt werden könnte.

11.3 Prostatakarzinom

Bezüglich des Verhaltens von Serumferritin bei Patienten mit Prostatakarzinom liegen nur vereinzelte Beobachtungen vor. Simonov et al. [232] untersuchten Ferritin im Gewebe und im Serum von Patienten mit Prostatakarzinomen und Prostataadenomen. Im Gewebe unterschieden sich die Ferritinkonzentrationen der Prostatakarzinome (1,67 mg%) nicht wesentlich von den Ferritinkonzentrationen der Prostataadenome (2,65 mg%) oder von denen im normalen Prostatagewebe (2,0 mg%). Erhöhte Serumferritinwerte

Tabelle 34. *Serumferritin (ng WHO/ml) bei Patienten mit metastasierten Prostatakarzinomen (n = 8)*

Patienten	Alter: 62—86 a (72,5 a)
Mittelwert	400
Standarddeviation	252
Minimum	121
Maximum	909
Medianer Wert	412

fanden sich bei 7 von 21 Patienten mit neu diagnostiziertem Prostatakarzinom, bei 3 von 3 Patienten mit progressivem Prostatakarzinom und bei 2 von 27 Patienten mit einem Adenom der Prostata. Kido et al. [124] berichten von erhöhten Serumferritinwerten bei 24% ihrer Patienten mit einem Adenom der Prostata.

In eigenen Untersuchungen fanden wir bei Patienten mit metastasierten Prostatakarzinomen bei 7 von 8 Patienten eine Hyperferritinämie (Tabelle 34). Die Korrelationsanalyse ergab keine Korrelation zwischen Serumferritin und den Erythrozyten, Hämoglobin, Leukozyten, Serumeisen, Blutsenkungsgeschwindigkeit, alkalischer Phosphatase oder der sauren prostataspezifischen Phosphatase. Die Beantwortung der Frage, ob Serumferritin als Marker bei Prostatakarzinomen vor allem zu einem frühen Zeitpunkt, eingesetzt werden kann, bedürfte noch einer kontrollierten Untersuchung. Die derzeit vorliegenden Ergebnisse rechtfertigen einen Einsatz von Serumferritin zur Früherkennung eines Prostatakarzinoms nicht.

12. Neuroblastom

Das Neuroblastom gilt als der häufigste extrakranielle solide Tumor im Kindesalter. 7—14% aller Tumore des Kindesalter fallen auf das Neuroblastom, bei Kindern unter 30 Monaten sollen 25—50% aller Tumore auf das Neuroblastom entfallen [109, 270]. Einige

Merkwürdigkeiten dieser Tumorform — wie die Ausreifung vom malignen Neuroblastom zum benignen Ganglioneurom, das Neuroblastoma in situ sowie spontane Tumorregressionen — sollen hier erwähnt werden. Solche Regressionen wurden häufig bei Patienten mit Stadium IV/S (S für speziell), die ungefähr 10% aller Neuroblastome ausmachen, beobachtet [25]. Die klinische Stadiumeinteilung des Neuroblastoms wird, ähnlich den Systemen anderer Tumore, nach Evans et al. [63] wie folgt durchgeführt:

Stadium I: Lokalisierter Organbefall.

Stadium II: Organbefall plus homolateraler Lymphknoten-
                befall.

Stadium III: Tumor über die Mittellinie reichend, bilateraler
                Lymphknotenbefall.

Stadium IV: Ausgedehnte Dissemination (Skelett, Bindege-
                webe etc.).

Stadium IV-S: Stadium I oder II mit zusätzlichem Befall von
                Leber, Haut oder Knochenmark, aber ohne
                Skelettbefall.

Die Prognose der Krankheit ist abhängig vom Stadium der Ausbreitung, nur 20% der Patienten mit Stadium II leben länger als zwei Jahre. Die Ausnahme bilden Patienten mit Stadium IV-S, die eine exzellente Prognose aufweisen, bedingt durch die hohe Rate an spontanen Regressionen bei dieser Variante [64].

In einer prospektiven Studie der „Children Cancer Study Group" wurde untersucht, ob mittels Serumferritin zum Zeitpunkt der Diagnose zwischen Kindern mit Stadium IV und IV-S Neuroblastom diskriminiert werden kann. Von 17 Patienten mit Stadium IV wiesen zum Zeitpunkt der Diagnose 15 erhöhte Serumferritin-werte auf, bei den 13 Patienten mit Stadium IV-S wurden keine erhöhten Serumferritinwerte gefunden [84].

Von 173 Kindern mit neu diagnostiziertem Neuroblastom Stadium IV zeigten 93 Patienten erhöhte Serumferritinwerte, 80 Patienten hatten normale Serumferritinwerte.

36 Monate nach der Diagnose betrug der Prozentsatz der Überlebenswahrscheinlichkeit in der Gruppe mit erhöhtem Serum-

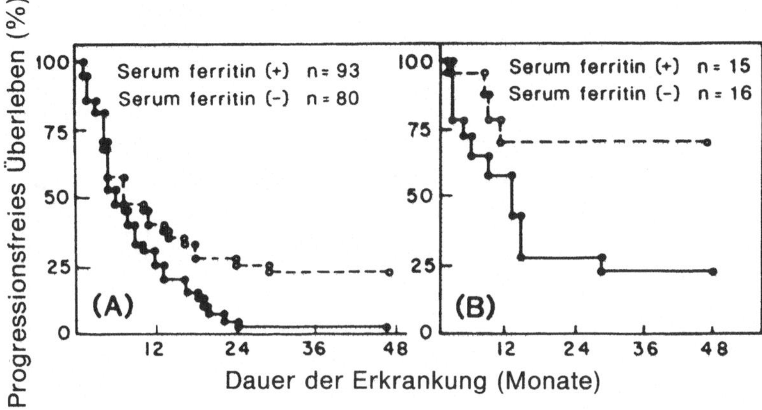

Abb. 31. Serumferritinwerte zum Diagnosezeitpunkt von Patienten mit Neuroblastom im Stadium IV (*A*) und Stadium III (*B*) in Relation zur Überlebenszeit. (Aus Hann et al [85])

ferritin-Ausgangswerten nur 2% gegenüber 23% in der Gruppe mit normalen Serumferritin-Ausgangswerten (p < 0,02). Ähnliche Resultate fanden die Autoren [85] bei 31 Kindern mit Neuroblastom Stadium III. 36 Monate nach Diagnosestellung betrug hier die Überlebenswahrscheinlichkeit bei den 15 Kindern mit erhöhten Serumferritin-Ausgangswerten 21% gegenüber 69% bei 16 Kindern mit normalen Serumferritin-Ausgangswerten (p < 0,02) (Abb. 31).

Während des Verlaufs der Krankheit zeigten sich erhöhte Serumferritinspiegel während des Rezidivs und ein Absinken der Werte in den Normalbereich in der klinischen Remission.

Nach Inokulation humaner Neuroblastomzellen in 15 nackten Mäusen, konnte in 12 von 14 nackten Mäusen, auf die ein humanes Neuroblastom transplantiert worden war, humanes Ferritin nachgewiesen werden [85]. Indirekt kann somit aus diesem Tierexperiment geschlossen werden, daß Serumferritin bei Patienten mit Neuroblastom zumindest teilweise aus dem Tumor stammt.

Einige biologische Effekte des Ferritins könnten möglicherweise als Erklärung für die schlechte Prognose der Patienten mit Neuroblastom und Hyperferritinämie dienen. 12 der 17 Patienten mit Neuroblastom-Stadium IV zeigten eine Hemmung der E-Rosettenbildung der T-Lymphozyten; alle diese Patienten hatten eine Hyperferritinämie. 12 von 13 Patienten mit Neuroblastom Stadium IV-S wiesen keine Hemmung der E-Rosettenbildung der T-Lymphozyten auf. Es bestand eine signifikante Korrelation ($p < 0{,}001$) sowohl zwischen der Hemmung der E-Rosettenbildung und erhöhten Serumferritinwerten als auch zwischen einer fehlenden Hemmung der E-Rosettenbildung und normalen Serumferritinspiegeln.

Diese Beobachtungen bestätigen die Hypothese, daß Ferritin oder ein Isoferritin für die Hemmung der E-Rosettenbildung der T-Lymphozyten verantwortlich zeichnet. Bereits in den Kapiteln, die sich mit Morbus Hodgkin und Mammakarzinom beschäftigen, wurde dargestellt, daß Ferritin in vitro die mitogene Stimulation von Lymphozyten supprimieren kann und daß Ferritin die T-Lymphozyten des Wirts durch Anlagerung auf der Zelloberfläche blockiert [163, 177].

Es wäre daher ohne weiteres möglich, daß insbesondere bestimmte Isoferritine bei Patienten mit Neuroblastom das Immunsystem des Wirtes supprimieren und dadurch das Tumorwachstum des Neuroblastoms fördern, was die schlechte Prognose der Patienten mit erhöhten Serumferritinwerten erklärt.

Literatur

1. Abe M, Kaky M, Yagawa K, Kono A, Hara Y, Nishiyama T (1980) Biochemical diagnosis of early pancreatic cancer. Proceedings of the 39th annual meeting of the Japanese cancer association, Tokyo, 1980. The Japanese Cancer Association, Tokyo
2. Addison GM, Beamish MR, Hales CN, Hodgkins M, Jacobs A, Llewellin P (1972) An immunoradiometric assay for ferritin in the serum of normal subjects and patients with iron deficiency and iron overload. J Clin Path 25: 326
3. Addison GM, Lewis W, Fitton J, Treffry A, Harrison P (1983) Determination of the amino acid sequence of human liver apoferritin and immunochenmical studies on ferritin of different species. In: Urushizaki I. et al (eds) Structure and function of iron storage and transport proteins. Elsevier, Amsterdam New York Oxford, pp 25—27
4. Adelman TG, Arosio P, Drysdale IW (1975) Multiple subunits in human ferritins, evidence for hybrid molecules. Biochem Biophys Res Commun 63: 1056—1062
5. Aiginger P, Kolbe H, Kuzmits R, Kühböck J, Linkesch W, Spona J, Ardalan B (1984) Prognostic value of alpha-1-fetoprotein, beta-human-chorion-gonadotropin and ferritin in metastasized testicular cancer. Proc Am Assoc Cancer Res 22: 347
6. Alfrey CP (1978) Serumferritin assay. CRC Crit Rev Clin Lab Sci 9: 179—208
7. Al-Ismail S, Cavill I, Evans IH (1979) Erythropoiesis and iron metabolism in Hodgkin's disease. Br J Cancer 40: 365—370
8. Alpert E, Coston R, Drysdale J (1973) Carcino-foetal human liver ferritins. Nature 242: 194—195
9. Andersen MM (1979) Studies of ferritin in renal carcinoma. Protides Biol Fluid Proc Colloqu 27: 347—350
10. Arosio P, Adelman TG, Drysdale JW (1978) On ferritin heterogeneity. Further evidence for heteropolymers. J Biol Chem 253: 4451—4458

11. Arosio P, Iacobello C, Montesoro E, Albertini A (1982) Serum ferritin evaluation with radioimmunoassays specific for HeLa and liver ferritin types. Immunol Lett 3: 309—314

12. Aungst CW (1968) Ferritin in body fluids. J Lab Clin Med 71: 517

13. Beallo R, Dallmann PR, Schoenfeld PY, Humphreys MH (1976) Serum ferritin and iron deficiency in patients on chronic hemodialysis. Trans Amer Soc Artif Int Organs 22: 73—79

14. Bentley DP, Williams P (1974) Serum ferritin concentration as an index of storage iron in rheumatoid arthritis. J Clin Pathol 27: 786—788

15. Bessis MC, Breton-Gorius J (1959) Ferritin and ferruginous micelles in normal erythroblasts and hypochromic hypersideremic anemias. Blood 14: 423—432

16. Bessis MC, Breton-Gorius J (1962) Iron metabolism in the bone marrow as seen by electron microscopy. A critical review. Blood 19: 635—663

17. Bezwoda W, Derman D, Bothwell T, MacPhil P, Levin J, de Moor N (1981) Significance of serum concentrations of carcinoembryonic antigen, ferritin and calcitonin in breast cancer. Cancer 48: 1623—1628

18. Bieber CP, Bieber MM (1973) Detection of ferritin as a circulating tumor-associated antigen in Hodgkin's disease. Nat Cancer Inst Monogr 36: 147—157

19. Bielig HJ, Kratky O, Rohns G, Wawra H (1966) Small-angle scattering of apoferritin in solution. Biochim Biophys Acta 112: 110—118

20. Bjork I, Fish W (1971) Nativ and subunit molecular weights of apoferritin. Biochemistry 10: 2844—2848

21. Blijenberg BG (1973) Enkole Aspecten van de Ijzerstofwisseling met Betrekking tot de Hersenen. MD Thesis, Erasmus University of Rotterdam

22. Bos GJ, Lange PH, Fraley EE (1981) Human chorionic gonadotropin and alpha-fetoprotein in the staging of nonseminomatous testicular cancer. Cancer 47: 328—332

23. Bozovich B, Cattell WR, Cottral MF, Gwyther MM, McMillan JM, Malpas JS, Salaburg A, Trott NG (1971) Iron metabolism in patients undergoing regular dialysis therapy. Br Med J 1: 695

24. Braylan RC, Jaffe ES, Berard CW (1974) Surface characteristics of Hodgkin's lymphoma cells. Lancet ii: 1328—1329

25. Bresow N, McCann B (1971) Statistical estimation of prognosis of children with neuroblastoma. Cancer Res 31: 2098—2103

26. Brown JE, Theil EC (1978) Red cells, ferritin and iron storage during amphibian development. J Biol Chem 253: 2673—2678

27. Broxmeyer HE, Gentile P, Bognaki J, Ralph P (1983) Lactoferrin, transferrin and acidic isoferritins: regulatory molecules with potential therapeutic value in leukemia. Blood Cells 9: 83—105

28. Bryce C, Crichton R (1973) The catalytic activity of horse spleen apoferritin. Hoppe Seylers Z Physiol Chem 354: 344—346

29. Buffe D, Rimbaut C (1975) Immunosuppressive effect of a human hepatic glycoferroprotein, alpha-2 H-globulin. A study on the transformation of normal human lymphocytes. Immunology 29: 175—184

30. Burtin P, von Kleist S, Buffe D (1967) Étude Immunoéléctrophorétique des antigénes du serum foetal human absents du serum adulte. Bull Soc Chim Biol 49: 1389—1398

31. Busse E, Rose H, Lehnert W (1979) Veränderungen des B- und T-Lymphozytenanteils im peripheren Blut und Veränderungen der Stimulierbarkeit von zyklischen Nukleotiden in den T-Lymphozyten von Patienten mit malignem Melanom. Dermat Mschr 165: 634—641

32. Chapman R, Bassendine M, Laulicht M, Gorman A, Thomas H, Sherlock S, Hoffbrand A (1982) Serum ferritin and binding of serum ferritin to concanavalin A as a tumor marker in patients with primary liver cell cancer and chronic liver disease. Digest Dis Sci 27: 111—116

33. Charlton RW, Jacobs P, Torrance JD, Bothwell TH (1965) The role of the intestinal mucosa in iron absorptions. J Clin Invest 44: 543—554

34. Chu LLH, Fineberg RA (1969) On the mechanism of iron-induced synthesis of apoferritin in HeLa cells. J Biol Chem 244: 3847—3854

35. Clement N, Torrance JD, Bothwell TH, Charlton RW (1972) Iron compounds in muscle. S Afr J Med Sci 37: 7—14

36. Cook JD, Lipschitz DA, Miles LEM, Finch CA (1974) Serum ferritin as a measure of iron stores in normal subjects. Amer J Nutr 27: 681—687

37. Cook JD, Finch CA, Smith NJ (1976) Evaluation of the iron status of a population. Blood 48: 449—455

38. Cragg SJ, Wagstaff M, Worwood M (1980) Sialic acid and the microheterogenicity of human serum ferritin. Clin Sci 58: 259

39. Cragg SJ, Wagstaff M, Worwood M (1981) Detection of a glycosylated subunit in human serum ferritin. Biochem J 199: 565

40. Cragg SJ, Covell AM, Burch A, Owen GM, Jacobs A, Worwood M (1983) Turnover of [131]J-human splean ferritin in plasma. Br J Haematol 55: 83—92

41. Crichton RR, Millar JA, Cumming RLC (1973) The organ-specificity of ferritin in human and horse liver and spleen. Biochem J 131: 51—59

42. Crichton RR, Eason R, Barclay A, Bryce CFA (1973) The subunit structure of horse spleen apoferritin: the molecular weight of the oligomer and its stability to dissociation by dilution. Biochem J 131: 855—857

43. Daver A, Dalifard J, Cellier P, Chassevent A, Larra F (1979)
    Hyperferritinaemia in breast cancer. Protid Biol Fluid Proc Colloq 27:
    281—284
44. David CN, Easterbrook K (1971) Ferritin in the fungus physomyces. J
    Cell Biol 48: 15—28
45. Dempster WS, Steyn DL, Knight GJ, Heese H (1977) Immunoradio-
    metric assay of serum ferritin as a practical method for evaluating iron
    stores in infants and children. Med Lab Sci 34: 337—344
46. Di Martino G, Tonnucci F, di Matteo L, Bizzarro A, Molero U,
    Dericolaso A (1981) Some tumoral markers in primary lung cancer.
    Boll Soc Ital Sper 57: 105—110
47. Di Martino G, Iannucci F, Iacano G (1982) CEA, ferritin and
    calcitonin in colorectal and lung cancer—correlation with other types
    of neoplasms and non-neoplastic diseases. Tumor-Diagnostik u
    Therapie 3: 74—78
48. Dörner M, Abel U, Fritze D, Manke H, Drings P (1983) Serum
    ferritin in relation to the course of Hodgkin's disease. Cancer 52:
    2308—2312
49. Drysdale JW, Munro HN (1966) Regulation of synthesis und
    turnover of ferritin in rat liver. J Biol Chem 241: 3630—3637
50. Drysdale JW (1970) Microheterogeneity in ferritin molecules. Bio-
    chim Biophys Acta 207: 256—258
51. Drysdale JW, Singer RM (1974) Carcinofetal isoferritins in placenta
    an HeLa cells. Cancer Res 34: 3352—3354
52. Drysdale JW (1974) Heterogeneity in tissue ferritins displayed by gel
    electrofocusing. Biochem J 141: 627—632
53. Drysdale JW (1968) Ferritin. In: San Pietro A, Lamborg M, Kenney F
    (eds) Regulatory mechanisms for protein synthesis. Academic Press,
    New York, pp 431—466
54. Drysdale JW (1977) Ferritin phenotypes: structure and metabolism.
    In: Jacobs A (ed) Iron metabolism Ciba foundation symposium 51
    (excerpta medica). Elsevier, Amsterdam, pp 41—57
55. Drysdale JW, Adelmann ThG, Arosio P, Casareale D, Fitzpatrick P,
    Hazard JT, Yokota M (1977) Human isoferritins in normal and
    disease states. Sem Hematol 14: 71—88
56. Durie B, Salmon S (1975) A clinical staging system for multiple
    myeloma. Cancer 36: 842
57. Durie B, Cole PW, Chen HSG, Himmelstein KJ, Salmon SE (1981)
    Synthesis and metabolism of Bence Jones protein and calculation of
    tumor burden in patients with Bence Jones myeloma. Br J Haematol
    47: 7
58. Eber M, Methlin G, Lang JM, Oberling F (1978) Ferritinemia during
    chronic myelogenous leukemia. Nouv Presse Med 7: 3560—3561

59. Edwards MS, Pegrum GD, Curtis JR (1970) Iron therapy in patients on maintenance haemodialysis. Lancet ii: 491

60. Von Eijk HG, Kroos MJ, Hoogendoorn GA, Wallenburg HCS (1978) Serum ferritin and iron stores during pregnancy. Clin Chim Acta 83: 81

61. Einhorn LH (1981) Testicular cancer: A model for a curable neoplasm. Cancer Res 41: 3275

62. Eshar Z, Order SE, Katz D (1974) Ferritin: a Hodgkin's disease associated antigen. Proc Natl Acad Sci USA 71: 3956—3960

63. Evans A, d'Angio G, Randolph J (1971) A proposed staging for children with neuroblastoma. Cancer 27: 347

64. Evans A, Chatten J, d'Angio G (1980) Review of 17 IV-S neuroblastoma patients at the children's hospital of Philadelphia. Cancer 45: 833—839

65. Fabris C, Farini R, del Farero G, Grassi F, Nitti D, Piccoli A, Brosolo P, Naccarato R (1984) Combined evaluation of serum ribonuclease and ferritin: any advantages in pancreatic cancer diagnosis? Oncology 41: 393—395

66. Fenton V, Cavill I, Fisher J (1977) Iron stores in pregnancy. Br J Haematol 37: 145

67. Finch CA, Cook JD, Labbe RF, Culala M (1977) Effect of blood donation on iron stores as evaluated by serum ferritin. Blood 50: 441

68. Fineberg R, Greenberg D (1955) Ferritin biosynthesis: Acceleration of synthesis by the administration of iron. J Biol Chem 214: 97—106

69. Fineberg R, Greenberg D (1955) Ferritin biosynthesis III. Apoferritin, the initial product. J Biol Chem 214: 107—113

70. Gerard-Marchant R, Hamlin I, Lennert K, Rilke F, Stahfeld AG, van Unnik JAM (1974) Classification of non-Hodgkin's lymphomas. Lancet ii: 406—408

71. Giannoulis E, Arranitakis C, Nikopoulos A, Doutsos I, Tourkantonis A (1984) Diagnostic value of serumferritin in primary hepatocellular carcinoma. Digestion 30: 236—241

72. Giler S, Kupfer B, Urcal M, Moroz C (1979) Immunodiagnostic test for early detection of carcinoma of the breast. Surg Gyn Obst 149: 655

73. Goldie PJ, Thomas MJ (1978) Measurement of serum ferritin by radioimmunoassay. Ann Clin Biochem 15: 102—108

74. Grail A, Hancock BW, Harrison PM (1983) Serum ferritin in normal individuals and in patients with malignant lymphoma and chronic renal failure measured with seven different commercial immunoassay techniques. J Clin Pathol 35: 1204—1212

75. Granick S (1943) Ferritin IV. Occurrence and immunological properties of ferritin. J Biol Chem 149: 157—167

76. Granick S (1946) Ferritin IX. Increase of protein apoferritin in the gastrointestinal mucosa as a direct response to iron feeding. The function of ferritin in the regulation of iron absorption. J Biol Chem 164: 737—746

77. Gropp C, Bogdahn U, Lehmann FG, Havemann K (1975) Serum factors in malignant lymphomas (meeting abstract). Blut 31: 183

78. Gropp C, Preisser P, von Kleist S, Havemann K (1977) Nachweis von tumorassoziiertem Antigen und Ferritin im Tumorgewebe von Patienten mit Bronchialkarzinom. Z Immun-Forsch 153: 303

79. Gropp C, Havemann K, Lehmann FG (1978) Carcinoembryonic antigen and ferritin in patients with lung cancer before and during therapy. Cancer 42: 2802—2808

80. Halliday JW, Gera KL, Powell LW (1975) Solid phase radioimmunoassay for serum ferritin. Clin Chim Acta 58: 207—214

81. Halliday J, MacKeering, Powell L (1976) Isoferritin composition of tissues and serum in human cancers. Cancer Res 36: 4486—4490

82. Halliday JW, MacKeering, Tweedale R, Powell L (1977) Serum ferritin in haemochromatosis; changes in the isoferritin composition during venesection therapy. Br J Haematol 36: 395—404

83. Halliday JW, Mack U, Powell LW (1979) The kinetics of serum and tissue ferritins: relation to carbohydrate content. Br J Haematol 42: 535—546

84. Hann HL, Evans AE, Cohen IJ, Leitmeyer JE (1981) Biologic differences between neuroblastoma stages IV-S and IV. Measurement of serum ferritin and E-rosette inhibition in 30 children. N Engl J Med 305: 425—429

85. Hann H, Stahlhut M, Evans A (1984) Isoferritins and prognosis of neuroblastoma: the immunological role of acidic isoferritins. In: Albertini A, Arosio P, Chiancone E, Drysdale J (eds) Ferritins and isoferritins as biochemical makers. Elsevier, Amsterdam, pp 171—180

86. Harrison PM (1959) The structures of ferritin and apoferritin: some preliminary X-ray data. J Mol Biol 1: 69—80

87. Harrison PM (1963) The structures of apoferritin: moleculars size, shape and symmetry from X-ray data. J Mol Biol 6: 404—422

88. Harrison PM, Gregory D (1965) Evidence for the existence of stable "aggregates" in horse ferritin and apoferritin. J Mol Biol 14: 626—629

89. Harrison PM, Hoy T, Macara I, Hoare R (1974) Ferritin iron uptake and release structure-function relationships. Biochem J 143: 445

90. Harrison PM, Banyard SH, Hoare RJ, Russell SM, Treffry A (1977) The structure and function of ferritin. In: Iron metabolism. Elsevier, Amsterdam, pp 19—40, Ciba foundation symposium no. 51

91. Hazard JT, Yokota M, Arosio P, Drysdale JW (1977) Immunological difference in human isoferritins: implication for immunologic quantitation of serum ferritin. Blood 49: 139—146

92. Hazard JT, Drysdale JW (1977) Ferritinaemia in cancer. Nature 265: 755—757

93. Heilmeyer L (1958) Ferritin. In: Wallerstein RO, Mettier SR (eds) Iron in clinical medicine. University of California Press, Berkeley, pp 24—42

94. Hicks S, Drysdale J, Munro H (1969) Preferential synthesis of ferritin and albumin by different populations of liver polysomes. Science 164: 584—585

95. Hoy TG, Jacobs A (1982) Ferritin polymers and the formation of haemosiderin. Br J Haematol 49: 593—602

96. Huber K, Scheithauer W, Linkesch W, Brunner H (1984) CA 19-9, serum ferritin and CEA as tumor markers in patients with gastrointestinal cancer. Cancer Detect Prevent 7: 516

97. Hussein S, Prieto JO, O'Shea M, Hoffbrand AV, Baillod R, Moorhead IF (1975) Serum ferritin assay and iron status in chronic renal failure and haemodialysis. Br Med J 1: 546—548

98. Hussein S, Laublicht M, Hoffbrand VA (1978) Serum ferritin in megaloblastic anemia. Scand J Haematol 20: 341—345

99. Hyde BB, Hodge AJ, Kahn A, Birnstiel ML (1963) Phytoferritin I. Identification and localization. J Ultrastruct Res 9: 248—258

100. Hytten FE, Paintin DB (1963) Increase in plasma volume during normal pregnancy. J Obstet Gynaecol Br Cwlth 70: 402

101. ICSH (1984) Preparation, characterization and storage of human ferritin for use as a standard for the assay of serum ferritin. Clin Lab Haematol 6: 177—191

102. ICSH (1985) Proposed international standard of human ferritin for the serum ferritin assay. Br J Haematol 61: 61—63

103. Ishitani K, Listowsky I, Hazard J, Drysdale J (1975) Differences in subunit composition and iron content of isoferritins. J Biol Chem 250: 5446—5449

104. Jacobs A, Worwood M (1975) The clinical use of serum ferritin estimation. Br J Haematol 31: 1—3

105. Jacobs A, Jones B, Ricketts C, Bulbrook RD, Wang DY (1976) Serum ferritin concentration in early breast cancer. Br J Cancer 34: 286—290

106. Jacobsen GK, Jacobsen M, Clausen P (1980) Ferritin as a possible marker protein of carcinoma in situ of the testis. Lancet ii: 533

107. Jacobsen GK, Jacobsen M, Clausen PP (1981) Distribution of tumor-associated antigens in the various histologic components of germ cell tumors of the testis. Am J Surg Pathol 5: 257—266

108. Jacobson AB, Swift H, Bogorad L (1963) Cytochemical studies concerning the occurrence and distribution of RNA in plastids of *Zea mays*. J Cell Biol 17: 557—570

109. Jaffe N (1976) Neuroblastoma: Review of the literature and an examination of factors contributing to its enigmatic character. Cancer Treat Rev 3: 61—82

110. Jansen J, Huijgens PC, van der Velde EA (1980) The prognosis of multiple mycloma. Neth J Med 23, 246

111. Jones BM, Worwood M (1975) An automated immunoradiometric assay for ferritin. J Clin Pathol 28: 540

112. Jones BM, Worwood M (1978) An immunoradiometric assay for the acidic ferritin of human heart application to human tissues, cells and serum. Clin Chim Acta 85: 81—88

113. Jones BM, Worwood M, Jacobs A (1980) Serum ferritin in patients with cancer. Determination with antibodies to HeLa cell and spleen ferritin. Clin Chim Acta 106: 203—214

114. Jones BM, Worwood M, Jacobs A (1983) Isoferritin in normal leucocytes. Br J Haematol 55: 73—81

115. Jones PA, Miller FM, Worwood M, Jacobs A (1973) Ferritinaemia in leukemia and Hodgkin's disease. Br J Cancer 27: 212—217

116. Jones T, Spencer K, Walsh C (1978) Mechanism and kinetics of iron release from ferritin by dihydroflavins and dihydroflavin analogues. Biochemistry 17: 4011—4017

117. Kaltwasser JP, Werner E (1977) Die radioimmunologische Messung von Ferritin im Serum und ihre klinische Bedeutung. Klin Wschr 55: 1103—1107

118. Kaltwasser JP, Werner E (1980) Serumferritin als Kontrollparameter bei der Therapie des Eisenmangels. In: Kaltwasser JP, Werner E (Hrsg) Serumferritin. Springer, Berlin Heidelberg New York, S 137—151

119. Kato T, Shinjo S, Shimada T (1968) Isolation and properties of ferritin from human fish (*Thrumrus obesus*) spleen. J Biochem (Tokyo) 63: 170—175

120. Kay MMB, Kadin M (1975) Surface characteristics of Hodgin's cells. Lancet i: 748—749

121. MacKeering LV, Halliday JW, Caffin JA, Mack U, Powell LW (1976) Immunological detection of isoferritins in normal human serum and tissue. Clin Chim Acta 67: 189—197

122. Kelly AM, MacDonald PJ, McNay MB (1977) Ferritin as an assessment of iron in normal pregnancy. Br J Obstet Gynaec 84: 438

123. Kew MC, Torrance ID, Derman D, Simon M, Macnab GM, Charlton RW, Bothwell TH (1978) Serum and tumorferritins in primary liver cancer. GUT 19: 294—299

124. Kido A, Machidi T, Miki M, Ohishi Y, Sasaki T, Ueda M, Yanagisawa M, Tashiro K, Iio M, Yamada H, Kuroda A (1980) Clinical evaluation of serum ferritin level in urologic cancer. Nippon Hiyokika Gakkai Zasseni 71: 383—390

125. Kokoschka EM (1979) Untersuchungen zur Charakterisierung membrangebundener tumorassoziierter Antigene und ihre Anwendung bei der Behandlung des malignen Melanoms. Wien Klin Wschr 91 [Suppl] 97: 1—32

126. Koller ME, Romslo I, Finne PH, Haneberg B (1979) Serial determinations of serum ferritin in children with acute lymphoblastic leukemia. Evaluation of its usefulness as a prognostic index. Acta Paediatr Scand 68: 93—96

127. Kovarik J, Irschik H, Graf H, Woloszczuk W, Meisinger V, Linkesch W, Stummvoll HK (1985) Iron removal by desferrioxamine in patients on chronic hemodialysis—kinetic study and long-term results. Contr Nephrol 49: 45—55

128. Krebs BP, Beaudet P, Voit G, Namer M, Boublil JL, Lalanne CM (1979) Radioimmunoassay of ferritin in patients with bronchogenic carcinoma A re-evaluation (meeting abstract). Medical oncology society, Nice

129. Lagos P, Haidas S, Ziva M, Lagona E, Gratacos C, Kattamis C (1981) Serumferritin levels in children with acute lymphoblastic leukaemie (meeting abstract). 6th meeting of the international society of hematology

130. Lamerz R, Girg R, Henneke H, Horka H, Segura E (1979) Immunological investigation in lung cancer. In: Lehmann FG (ed) Carcino-embryonic proteins: chemistry, biology, clinical applications, vol II. Elsevier/North-Holland Biomedical Press, New York

131. Laufberger V (1937) Sur la cristallisation de la ferritin. Bull Soc Chim Biol 19: 1575

132. Linder-Horowitz M, Ruettinger R, Munro H (1970) Iron induction of electrophoretically different ferritins in rat liver, heart and kidney. Biochim Biophys Acta 200: 442—448

133. Linder MC, Munro HN (1972) Assay of tissue ferritin. Analyt Biochem 48: 266

134. Linder M, Moor J, Munro H, Morris H (1972) GANN — monograph on cancer research 13: 299—313

135. Linder M, Moor J, Scott L, Munro H (1972) Prenatal and postnatal changes in the content and species of ferritin in rat liver. Biochem J 129: 455—462

136. Linder M, Munro H (1973) Enzyme 15: 111—138

137. Linder M, Moor J, Scott L, Munro H (1973) Mechanism of sex difference in rat tissue iron stores. Biochim Biophys Acta 297: 70—80

138. Linder M, Dunn V, Ishacacs E, Jones D, Lim S, van Volkom M, Munro H (1975) Am J Physiol 228: 196—204

139. Linder MC, Moor JR, Munro HN, Morris HP (1975) Structural differences in ferritins from normal and malignant rat tissues. Biochim Biophys Acta 386: 409—421

140. Linkesch W (1979) Die klinische Bedeutung von Serumferritin. Wien Klin Wschr 91: 360

141. Linkesch W (1978) Serumferritin — Diagnostische und klinische Bedeutung. Acta Med Austr 5: 169—171

142. Linkesch W, Stummvoll HK, Wolf A (1979) Serumferritin in der Diagnostik des Eisenstatus bei Patienten unter chronischer Hämodialysebehandlung. 3. Donausymposium für Nephrologie, C. Bindernagel, Friedberg, S 507

143. Linkesch W, Pietschmann H, Wurm E (1979) Serumferritin in patients with myeloma. International society of haematology, 5th meeting, Hamburg, p 81

144. Linkesch W, Aiginger P, Kühböck J (1979) Serumferritin levels in testicular cancer. International society of haematology, 5th meeting, Hamburg, p 82

145. Linkesch W, Luger T, Kokoschka EM (1979) Serumferritin bei Patienten mit malignem Melanom. Acta Med Austr 6: 346—349

146. Linkesch W, Aiginger P, Kühböck J (1980) Ferritin — ein tumorassoziiertes Protein bei Hodentumoren. Der Nuklearmediziner 4: 379—384

147. Linkesch W, Scherak O (1980) Serumferritin und chronische Polyarthritis. In: Kaltwasser JP, Werner E (Hrsg) Serumferritin — Methodische und klinische Aspekte. Springer, Berlin Heidelberg New York, S 228

148. Linkesch W, Pavelka R, Kofler E (1980) Serumferritin in der Gravidität: Normalverlauf, Frühgeburtsbestrebungen, EPH-Gestose. In: Kaltwasser JP, Werner E (Hrsg) Serumferritin. Springer, Berlin Heidelberg New York, S 180—185

149. Linkesch W, Aiginger P (1981) Tumor-associated proteins. Radiobiol Radiother 22: 121—125

150. Linkesch W, Ludwig H (1982) Serumferritin und β 2-Mikroglobulin bei Patienten mit multiplem Myelom. Acta Med Austr 9: 227—231

151. Linkesch W, Ludwig H (1982) Production of ferritin in leukemic cells. Blut 45: 207

152. Linkesch W (1982) Altersabhängige Veränderungen von Serumferritin, Serumeisen und Parametern des roten Blutbildes. In: Böhnel J, Stacher A (Hrsg) Hämatologie im Alter. Urban & Schwarzenberg, Wien München Baltimore, S 52

153. Linkesch W, Kuzmits R, Aiginger P (1983) Evaluation of human chorionic gonadotropin, alpha-fetoprotein and ferritin serum values for the early detection of metastasis in testicular tumors. 13th international congress of chemotherapy 274, pp 33—36

154. Linkesch W, Ludwig H (1983) Serumferritin and β 2-microglobulin in patients with multiple myeloma. Cancer Detect Prevent 6: 297—301

155. Linkesch W (1984) Physiologie und Pathophysiologie des Eisenstoffwechsels. Wien Med Wschr 134: 59—63

156. Lipschitz DA, Simon M, Lynch S, Durgard J, Bothwell TH, Charlton RW (1971) Some factors affecting the release of iron from reticuloendothelial-cells. Br J Haematol 21: 289—303

157. Lipschitz DA, Cook JD, Finch CA (1974) A clinical evaluation of serum ferritin as an index of iron stores. New Engl J Med 290: 1213—1218

158. Lipschitz DA, Cook ID, Finch CA (1975) Ferritin in formed blood elements. Proc Soc Exp Biol Med (NY) 148: 358—364

159. Luger TA, Linkesch W, Knobler R, Kokoschka EM (1980) Serial determination of serum ferritin levels in patients with malignant melanoma. Oncology 40: 263—667

160. Luxton AW, Walker WHC, Gauldie J, Mahmoud AM, Pelletier Ch (1977) Radioimmunoassay for serum ferritin. Clin Chem 23: 683

161. Marcus DM, Zinberg N (1974) Isolation of ferritin from human mammary and pancreatic carcinomas by means of antibody immunoadsorbents. Arch Biochem Biophys 162: 493—501

162. Marcus DM, Zinberg N (1975) Measurement of serum ferritin by radioimmunoassay. Results in normal individuals and patients with breast cancer. J Nat Cancer Inst 55: 791

163. Matzner Y, Hershko A, Pollack A, Konijn A, Izak G (1979) Suppressive effect of ferritin on in vitro lymphocyte function. Br J Haematol 42: 345—353

164. Matzner Y, Konijn A, Hershko G (1980) Serumferritin in haematologic malignancies. Am J Haematol 9: 13—22

165. Maxim PE, Prather JR, Veltri RW (1980) Ferritin levels in tissue extracts and serum of patients with carcinoma of the lung. Fed Proc 3: 413

166. Maxim PE, Veltri RW, Sprinkle PM (1981) Soluble tumor-associated markers in lung cancer extracts. Oncology 38: 147—153

167. May K, Hancock BW (1977) Plasma ferritin levels in untreated patients with malignant lymphoma (meeting abstract). Clin Sci Mol Med Vol 53: 14

168. Mazur A, Shorr E (1950) A quantitative immunochemical study of ferritin and its relation to the hepatic vasodepressor material. J Biol Chem 182: 607—627

169. Mazza J, Barr RM, McDonald JWD, Valberg LS (1978) Usefulness of the serum ferritin concentration in the detection of iron deficiency in a general hospital. CMA 19: 884—886

170. McGuire RA, Pretlow T, Wareing T, Bradley E (1979) Hodgkin's cells and attached lymphocytes. Cancer 44: 183—187

171. Micali B, Gioffre Florio MA, Venuti A, Giorgianni G, Saitta FP (1981) The significance of tumor marker assay in the staging of breast cancer. Assessment of ferritin and beta-HCG levels. J Nucl Med Allied Sci 25: 65—70

172. Miles LEM, Lipschitz DA, Bieber CP, Cook CD (1974) Measurement of serum ferritin by a two-site immunoradiometric assay. Analyt Biochem 61: 209—224

173. Millar JA, Cumming RLC, Smith JA, Goldberg A (1970) Effect of actinomycin D, cycloheximide and acute blood loss on ferritin synthesis in rat liver. Biochem J 119: 643—649

174. Mirahmadi KS, Paul WL, Winer RL, Dabir-Vaziri N, Byer B, Gorman JT, Rosen FM (1977) Serum ferritin level—determinant of iron requirement in hemodialysis patients. J Amer Med Ass 238: 601—603

175. Mori W, Asakawa H, Taguchi T (1975) Antiplacental ferritin antiserum for cancer diagnosis. Ann NY Acad Sci 259: 446—449

176. Mori W, Asakawa H, Taguchi T, Sakai R (1978) Human isoferritin and malignant neoplasms. Acta Haematol Jpn 41: 1309—1317

177. Moroz C, Giler Sh, Kupfer B, Urca I (1977) Lymphocytes bearing surface ferritin in patients with Hodgkin's disease and breast cancer. New Engl J Med 296: 1173

178. Moroz G, Giler S, Kupfer B, Urca I (1977) Ferritin-bearing lymphocytes and T-cell levels in peripheral blood of patients with breast cancer. Cancer Immunol Immunother 3: 101—105

179. Moroz C, Lahat N, Biniaminov M, Ramot B (1977) Ferritin on the surface of lymphocytes in Hodgkin's disease patients. A possible blocking substance removed by levamisole. Clin Exp Immunol 29: 30—35

180. Moroz C, Kupfer B (1980) Suppressor cell activity of ferritin-bearing lymphocytes in patients with breast cancer. Isr J Med Sci 17: 879

181. Moroz C, Kan M, Marcus H, Kupfer B, Chaimoff C (1982) The significance of lymphocytes bearing oncofetal ferritin in the detection of malignancy in the breast. Cancer Detect Prevent 5: 41

182. Morris DL, Hersh EM, Hsi BP, Guttermann JU, Marshall MM, Mavligit GM (1979) Recall antigen delayed type hypersensitivity skin testing in melanoma and acute leukemia and their associates. Cancer Res 39: 219—226

183. Munro HN, Drysdale JW (1970) Role of iron in the regulation of ferritin metabolism. Fed Proc 29: 1469—1473

184. Munro H, Linder M, Vulimiri L (1975) Metabolism of isoferritins in cardiac and skeletal muscle. In: Crichton R (ed) Proteins of iron storage and transport in biochemistry and medicine. Elsevier, Amsterdam, pp 351—357

185. Munro HN, Lindner MC (1978) Ferritin: structure, biosynthesis and role in iron metabolism. Physiol Rev 58: 377—396

186. Niitsu Y, Ohtsyka S, Kohgo Y, Watanabe N, Koseki J, Urushizaki I (1975) Hepatoma ferritin in the tissue and serum. Tumor Res 10: 31—42

187. Niitsu Y, Kohgo Y, Yokota M, Urushizaki I (1975) Radioimmunoassay of serum ferritin in patients with malignancy. Ann NY Acad Sci 259: 450—452

188. Niitsu Y, Kohgo Y, Ohtsuka S, Watanabe N, Koseki J, Shibata K, Ishitani K, Nagai T, Gocho Y, Urushizaki I (1976) Ferritins in serum and tissue and their implication in malignancy. Academic Press, New York, pp 717—762

189. Niitsu Y, Goto Y, Kohgo Y, Adachi Ch, Onodera Y, Urushizaki I (1980) Evaluation of heart isoferritin assay for diagnosis of ᴗancer. In: Albertin A (ed) Radioimmunoassay of hormones, proteins and enzymes. Excerpta Medica, Amsterdam, pp 256—266

190. Niitsu Y, Urushizaki I (1980) Diagnosis with tumor markers ferritin. In: Kawai K (ed) Early diagnosis of pancratic cancer. Igaku-Shoin, Tokyo, 276

191. Niitsu Y, Onodera Y, Kohgo Y, Goto Y, Watanabe N, Urushizaki J (1984) Isoferritins in malignant diseases. In: Albertini A, Arosio P, Chiancane E, Drysdale J (eds) Ferritins and isoferritins as biochemical markers. Elsevier, Amsterdam, pp 159—170

192. Niⱪhiya K, Chiao JW, de Sousa M (1980) Iron binding proteins in selected human peripheral blood cells sets: immunofluorescence. Br J Haematol 46: 235—245

193. Oertel J, Schultz E, Korinth E, Heilhecker A (1977) Die Ferritinkonzentration im Serum bei Patienten mit malignen Lymphomen. Klin Wschr 55: 1109—1114

194. Order SE, Porter M, Hellmann S (1971) Hodgkin's disease: evidence for a tumor associated antigen. New Engl J Med 285: 471—474

195. Order SE, Chism SE, Hellmann S (1972) Studies of antigens associated with Hodgkin's disease. Blood 40: 621—633

196. Order SE, Colgan J, Hellman S (1974) Distribution of fast and slow migrating Hodgkin's tumor associated antigen. Cancer Res 34: 1182—1186

197. Osamura S, Ito K, Kumakura K, Adachi M, Tanaka K, Shizuka M, Wakasugi L, Nomura K, Hayata K, Abe S, Yoshikawa O, Ikeda Y (1978) Kinetics and the clinical significance of serum ferritin level in various types of leukemia (meeting abstract). Nippon Naika Gakkai Zasshi 67: 55

198. Parry H, Summers M, Worwood M, Jacobs A (1974) Ferritin in normal and leukaemic white blood cells. Br J Haematol 27: 361

199. Parry DH, Ricketts C, Jacobs A (1978) Serum ferritin during unmaintained remission in acute lymphothoblastic leukaemia. Br Med J 2: 1341—1342

200. Patel AR, Shah PC, Vohra RM, Hart WL, Shah JR (1980) Serum ferritin levels in haematologic malignant neoplasms. Arch Pathol Lab Med 104: 509—512

201. Payne S, Finkelstein R (1978) The critical role of iron in host-bacterial interactions. J Clin Invest 61: 1428—1440

202. Polterauer P, Linkesch W (1982) Serum-Alpha 1-Fetoprotein und Serumferritin bei Lebertumoren. Wien Klin Wschr 94: 102—108

203. Powell LW, Alpert E, Isselbacher KJ, Drysdale JW (1974) Abnormality in tissue isoferritin distribution in idiopathic haemochromatosis. Nature 250: 333

204. Powell L, Halliday J, MacKeering L (1975) Studies of serum ferritin with emphasis on its importance in clinical medicine. In: Crichton R (ed) Proteins of iron storage and transport in biochemistry and medicine. North-Holland, Amsterdam/Elsevier, New York, pp 215—221

205. Pugh RCB (1976) Testicular tumors. In: Pugh RCB (ed) Pathology of the testis. Blackwell, Oxford, p 139

206. Rai KR, Swaitsky A, Cronkite E, Chanana A, Levy R, Rasternak B (1975) Clinical staging of chronic lymphocytic leucemia. Blood 46: 219

207. Reissmann KR, Dietrich MR (1958) On the presence of ferritin in the peripheral blood of patients with hepatocellular disease. J Clin Invest 35: 588—599

208. Rice D, Ford G, White J, Smith J, Harrison P (1983) Recent advances in the three dimensional structure of ferritin. In: Urushizaki I et al (eds) Structure and function of iron storage and transport proteins. Elsevier, Amsterdam, p 11

209. Richter GW (1957) A study of hemosiderosis with the aid of electron microscopy. J Exper Med 106: 203—217

210. Richter GW (1963) On ferritin and its production by cells growing in vitro. Lab Invest 12: 1026—1039

211. Richter GW (1964) Electrophoretic and serological properties of the ferritin produced by HeLa and KB cells in culture. I. Comparison with other ferritins. Br J Exper Path 45: 88—94

212. Richter GW (1965) Comparison of ferritins from neoplastic and non-neoplastic human cells. Nature 207: 616—618

213. Richter GW, Walker GF (1967) Reversible association of apoferritin molecules. Comparison of light-scattering and other date. Biochem 6: 2871—2880

214. Richter G, Lee J (1970) A study of two types of ferritin from rat hepatomas. Cancer Res 30: 880—888

215. Robbins E, Pederson T (1970) Proc Natl Acad Sci USA 66: 1244—1251

216. Roche J, Bessis M, Breton-Gorins J, Stralin H (1961) Molécules d'hémoglobine et de ferritine dans les cellules chloragogènes d'Arenicola marina. L Compt Rend Acad Sci 252: 3886—3887

217. Roth O, Jasinski B, von Bidder H (1951) Das Gewebeeisen beim Menschen bei normalen und pathologischen Zuständen. Helvet Med Acta 18: 159—174

218. Rothen A (1918) Ferritin and apoferritin in the ultracentrifuge. Studies on the relationship of ferritin and apoferritin; precision measurements of the rates of sedimentation of apoferritin. J Biol Chem 28: 645—658

219. Rothen A (1944) Ferritin and apoferritin in the ultracentrifuge. J Biol Chem 152: 679

220. Saddi R, von der Decken A (1964) Specific stimulation of amino acid incorporation into ferritin by rat-liver slices after injection of iron in vivo. Biochim Biophys Acta 90: 196—198

221. Sarcione EJ, Stutzman L, Mittleman A (1975) Ferritin synthesis by spleenic tumor tissue of Hodgkin's disease. Experientia 31: 1334—1335

222. Sarcione EJ, Smalley JR, Lema MI, Stutzman L (1977) Increased ferritin synthesis and release by Hodgkin's disease peripheral blood lymphocytes. Int J Cancer 20: 339—346

223. Scardino PT, Cox HD, Waldman T, McIntire K, Mittenmeyer B, Javadpour N (1977) The value of serum tumour markers in the staging and prognosis of germ cell tumours of the testis. J Mol 118: 994—999

224. Schapira F (1973) Isozymes and cancer. In: Klein G, Weinhouse S (eds) Advances in cancer research, vol 18. Academic Press, New York London, p 77

225. Scherak O, Linkesch W (1983) Serumferritin als Indikator für eine Eisensubstitution bei Patienten mit chronischer Polyarthritis. Z Rheumatol 42: 130

226. Schmiedeberg O (1894) Über das Ferritin und seine diätetische und therapeutische Anwendung. Arch Exp Pathol Pharmak 33: 101

227. Seckbach J (1968) Studies on the deposition of plant ferritin as influenced by iron supply to iron-deficient beans. J Ultrastruct Res 22: 413—423
228. Shinjyo S, Abe H, Matsuda M (1975) Carbohydrate composition of horse spleen ferritin. Biochim Biophys Acta 411: 165
229. Shoden A, Gabrio BW, Finch CA (1953) The relationship between ferritin and hemosiderin in rabbits and man. J Biol Chem 204: 823—830
230. Siimes MA, Addiego JE, Dallman PR (1974) Ferritin in serum. Diagnosis of iron deficiency and iron overload in infants and children. Blood 43: 581—590
231. Siimes MA, Wang WC, Dallmann PR (1977) Elevated serum ferritin in children with malignancies. Scand J Haematol 19: 153—158
232. Simonov V, Prokopenko P (1979) Diagnostic value of ferroproteins in carcinoma of the prostate. Urol Nefrol 6: 42—44
233. Smith C, Cherry R, Maletskos C, Gibbson J, Roby C, Caton W, Reid D (1955) Persistence and utilization of maternal iron for blood formation during infancy. J Clin Invest 34: 1391—1402
234. Sorbie J, Valberg L, Corbet W, Ludwig J (1975) Serum ferritin, cobalt exretion and body iron status. Can Med Assoc J 112: 1173
235. Summers M, Worwood M, Jacobs A (1974) Ferritin concentrations in erythrocytes, polymorphs and monocytes. Br J Haematol 28: 19—26
236. Tanaka M, Kato K (1983) The measurement of ferritin in the leukemic blasts with a "sandwich" type enzyme inmunoassay method. Cancer 51: 61—64
237. Tappin JA, George WD, Bellingham AJ (1979) Effect of surgery on serum ferritin concentration in patients with breast cancer. Br J Cancer 40: 658—660
238. Theriault L, Page M (1977) A solid-phase enzymic immunoassay for serum ferritin. Clin Chem 23: 2142—2144
239. Torrance JD, Carlton RW, Schrı. aman A, Lynch SR, Bothwell TH (1968) Storage iron in "muscle". J Clin Path 21: 495—500
240. Towe KM, Lowenstam HA, Nesson MH (1963) Invertebrate ferritin: occurrence in *Mollusca*. Science 142: 63—64
241. Umemura T, Kozuru M (1980) Serum ferritin and various diseases leukemia and serum ferritin. Rinsho Ketsueki 21: 1127—1134
242. Urushizaki I, Niitsu Y, Ishitanı K, Matsuda M, Fukuda M (1971) Microheterogeneity of horse spleen ferritin and apoferritin. Biochim Biophys Acta 243: 187—192
243. Valberg LS, Sorbie J, Ludwig J, Pelletier D (1976) Serumferritin and iron status of Canadians. Can Med Ass . 114: 417
244. Vezzoni P, Levi S, Gabri E, Pozzi M, Spinazze S, Arosio P (1986) Ferritins in malignant and non-malignant lymphoid cells. Br J Haematol 62: 105—110

245. Vulimiri L, Catsimpoolas N, Griffith A, Linder M, Munro H (1975) Size and charge heterogeneity of rat tissue ferritins. Biochim Biophys Acta 412: 148—156

246. Wagstaff M, Lewis S, Parry DH, Jacobs A, Worwood M (1976) Isoferritins in leukaemia. Br J Haematol 33: 149—150

247. Wagstaff M, Worwood M, Jacobs A (1980) Biochemical and immunological characterization of ferritin from leukaemic cells. Br J Haematol 45: 263—274

248. Wahren B, Alpert E, Esposti P (1977) Multiple antigens as marker substances in germinal tumors of the testis. J Nat Cancer Inst 58: 489—498

249. Walker R, Miller JPG, Dymock JWAD (1971) Relationship of hepatic iron concentration to histo-chemical grading and to total chelatable body iron in conditions associated with iron overload. GUT 12: 1011

250. Walters GO, Miller FM, Worwood M (1973) Serum ferritin concentration and iron stores in normal subjects. J Clin Path 26: 770—772

251. Watanabe N, Niitsu Y, Koseki J, Oikawa J, Kadono Y, Ishii T, Goto Y, Onodera Y, Urushizaki I (1979) Ferritinemia in nude mice bearing various human carcinomas. In: Lehmann FG (ed) Carcino-embryonic proteins. Elsevier/North-Holland, Amsterdam, p 273

252. Weinfeld A (1970) Iron stores. In: Halberg L, et al (eds) Iron deficiency. Academic Press, London New York, p 329 ·

253. Weinstein RE, Bond BH, Silberberg BK (1982) Tissue ferritin concentration in carcinoma of the breast. Cancer 50: 2406—2409

254. White GP, Worwood M, Parry DH, Jacobs A (1974) Ferritin synthesis in normal and leukaemic leukocytes. Nature (London) 250: 584—586

255. Whitehead RH, Teasdale C, Thacher J, Roberts GP (1976) T- and B-lymphocytes in breast cancer. Stage relationship and abrogation of T-lymphocytes depression by enzyme treatment in vitro. Lancet i: 330

256. Wide L, Birgegard G (1977) A solid phase radioimmunoassay method for ferritin using ^{125}J-tabelled ferritin. J Med Sci 82: 15

257. Williams MA, Harrison PM (1968) Electron-microscopic and chemical studies of oligomers of ferritin. Biochem J 110: 265—280

258. Wöhlers F, Schonlau F (1959) Über das Vorkommen von Ferritin im Serum. Klin Wschr 37: 445

259. Worwood M, Summers M, Miller F, Jacobs A, Whittaker JA (1974) Ferritin in blood cells from normal subjects and patients with leukaemia. Br J Haemat 28: 27—35

260. Worwood M, Aherne W, Dawkins S, Jacobs A (1975) The characteristics of ferritin from human tissues, serum and blood cells. Clin Sci Molec Med 48: 441—451

261. Worwood M, Dawkins S, Wagstaff M, Jacobs A (1976) The purification and properties of ferritin from human serum. Biochem J 157: 93—103
262. Worwood M, Wagstaff M, Jones BM, Dawkins S, Jacobs A (1977) In: Brown EB, Aisen P, Fielding J, Crichton RR (eds) Proteins of iron metabolism. Grune and Stratton, New York, p 79
263. Worwood M (1979) Serumferritin. CRC Crit Rev Clin Lab Sci 10: 171
264. Worwood M, Cragg SJ, Wagstaff M, Jacobs A (1979) Binding of human serum ferritin to concanavalin A. Clin Sci 56: 83
265. Worwood M, Cragg SJ, Williams AM, Wagstaff M, Jacobs A (1982) The clearance of ^{131}J-human plasma ferritin in man. Blood 60: 827
266. Yoda Y, Hanada T, Abe T (1979) Significance of serum ferritin levels in patients with acute leukemia. Rinsho ketsueki 20: 1594—1601
267. Yoda Y, Abe T (1980) Acute monocytic leukemia cell isoferritin. Cancer 46: 289—292
268. Yoshikawa O, Abe S, Izawa K, Wakasugi K, Shizuka M, Tanaka K, Adachi M, Itoh K, Osumi A, Osamura S (1979) Serum ferritin level in leukemias and its clinical significance (meeting abstract). 4th meeting asian pacific division, international society of haematology, Korea
269. Yoshikawa O, Kimura Y, Rin K, Zakoji S, Naruto M, Tanaka K, Itoh K, Osamura S (1983) The significance of serumferritin in diagnosis of stages of chronic myelogenous leukemia. In: Urushizaki I et al (eds) Structure and function of iron storage and transport proteins. Elsevier, Amsterdam, p 195
270. Young J, Miller R (1975) Incidence of malignant tumors in US-children. J Pediatr 86: 254—258
271. Zähringer H, Baliga BS, Munro HN (1976) Novel micromechanism for translational control in regulation of ferritin synthesis by iron. Proc Natl Acad Sci 73: 857—861
272. Zähringer J, Baliga B, Drake R, Munro H (1977) Biochim Biophys Acta 474: 234—244
273. Zähringer J, Baliga B, Crim M, Munro H (1978) Hepatic synthesis of proteins. In: Rosenaer V, Oratz M, Rothschild M (eds) Albumin structure, function and uses. Pergamon Press, Oxford, pp 203—225
274. Zamiri L, Mason J (1968) Electrophoresis of ferritins. Nature (London) 217: 258—259
275. Zuyderhoudt FMJ, Boers W, Linhorst C, Jörning GGA, Hengeveld P (1978) An enzyme-linked immunoassay for ferritin in human serum and rat plasma and the influence of the iron in serum ferritin on serum iron measurement during acute hepatitis. Clin Chim Acta 88: 37
276. Zuyderhoudt FMJ, Linthorst C, Hengeveld P (1978) On the iron content of human serum ferritin, especially in acute viral hepatitis and iron overload. Clin Chim Acta 90: 93—99